칼 세이건의 『코스모스』 읽기

세창명저산책_086

칼 세이건의 『코스모스』 읽기

초판 1쇄 인쇄 2021년 9월 24일
초판 1쇄 발행 2021년 10월 1일

–

지은이 곽영직
펴낸이 이방원
기획위원 원당희
편 집 안효희 · 김명희 · 정조연 · 정우경 · 송원빈 · 조상희
디자인 손경화 · 박혜옥 · 양혜진   **영 업** 최성수

–

펴낸곳 세창미디어

신고번호 제2013-000003호 **주소** 03736 서울시 서대문구 경기대로 58 경기빌딩 602호

전화 723-8660 팩스 720-4579 **이메일** edit@sechangpub.co.kr **홈페이지** http://www.sechangpub.co.kr

블로그 blog.naver.com/scpc1992 **페이스북** fb.me/Sechangofficial **인스타그램** @sechang_official

–

ISBN 978-89-5586-706-0 02440

ⓒ 곽영직, 2021

세창명저산책_086

곽영직 지음

칼 세이건의 『코스모스』 읽기

세창미디어
MEDIA

20세기에 가장 성공을 거둔 대중 과학책을 꼽으라면 누구나 서슴없이 칼 세이건의 『코스모스』와 스티븐 호킹의 『간단한 시간의 역사』를 꼽을 것이다. 이처럼 두 책은 일반인들을 위한 과학책의 역사에 한 획을 그은 책들이다. 1980년에 출판된 『코스모스』의 저자인 세이건이 1988년에 출판된 호킹의 『간단한 시간의 역사』의 머리말을 써 줄 정도로 두 저자는 가까운 사이였다. 이러한 두 책은 모두 큰 성공을 거두었다는 공통점을 제외하면 성격이 크게 다른 책이다.

『코스모스』는 현재 진행되고 있는 우주 탐험의 의미를 인류 문명사의 흐름 속에서 파악하려고 한 책이어서 역사적인 내용이 절반 이상을 차지하고 있다. 우주 탐험과 관련된 내용도 세이건이 직접 관여했던 태양계 탐사를 주로 다루고 있어 어려운 과학적 내용은 거의 없다. 역사적인 흐름을 풀어 놓은 『코스모스』는 누구나 쉽고 재미있게 읽을 수 있는 과학책이고, 큰 감동을 받을 수 있는 인류 문명의 서사이다. 다만 바쁜 현대인들이 읽기에는 500쪽이 넘는 방대한 분량이 부담스러울 수 있을 것이다.

이와는 달리 호킹의 『간단한 시간의 역사』는 분량은 적지만 어려운 내용을 많이 포함하고 있어 일반인들이 끝까지 읽기도 어렵고, 끝까지 읽는다고 해도 이해하기가 쉽지 않은 책이다. 이렇게 다른 성격을 가진 두 책이 20세기를 대표하는 과학책이 되었다는 것은 흥미로운 일이다. 과학책은 쉽고 재미있어야 하는 것일까? 아니면 어렵더라도 새로운 내용을 많이 포함하고 있어야 할까? 과학책에 독자들의 관심을 가지게 하는 것은 저자의 명성일까 아니면 과학책의 내용일까? 대중을 위한 과학책을 집필하는 사람들에게 이것은 우주의 신비만큼이나 풀 수 없는 수수께끼이다.

오랫동안 책장에 꽂혀 있던 『코스모스』를 다시 꺼내 읽으면서 이런 물음의 답을 찾아보려고 했다. 우주 탐사의 인류 문명사적 의미를 고찰하기 위해서는 인류 문명에 대한 통찰이 필요하고, 현재 진행되고 있는 우주 탐사 프로그램에 대한 깊은 이해가 있어야 한다. 세이건은 인류 문명의 큰 흐름을 파악하면서 세인들의 입에 오르내리는 유명세에 기대지 않았다.

『코스모스』에서 고대 과학을 완성한 아리스토텔레스에 대해서는 단 몇 줄의 설명으로 뛰어넘었지만 지구의 크기를 최초로 측정한 에라토스테네스에 대해서는 자세하게 다루었고, 지구 중심설을 제안한 코페르니쿠스에 대해서는 적당히 뛰어넘어가면서도, 천체는 원운동을 한다는 가설을 폐기하고 타원운동을 도입한 케플러에 대해서는 자세하게 다뤘다.

『코스모스』를 다시 읽으면서 과학사도 역사학의 일부라는 생각을 하지 않을 수 없었다. 역사학은 과거의 일들을 찾아내 나열하는 것이 아니라 그것을 새롭게 해석하는 일이다. 세이건은 역사학자는 아니지만 『코스모스』를 통해 인류 문명의 역사와 과학의 역사를 어떻게 다루고 해석해야 하는지를 보여 준다. 독자들이 세이건의 『코스모스』에 큰 관심을 보인 것은 인류 문명사에 대한 그의 새로운 해석 때문일 것이다.

세이건은 금성과 화성을 비롯한 태양계 탐사 프로젝트에 직접 관여한 천문학자였다. 따라서 현재도 진행되고 있는 20세기에 시작된 태양계 탐사 프로그램에 대해서 누구보다 잘 알고 있던 사람이었기에 『코스모스』에는 그가 직접 경험한 태양계 탐사 이야기가 생생하게 실려 있다. 탐사 현장에 있었던 사람이 아니면 할 수 없는 이야기들이 풍부하게 포함되어 있는 것은 『코스모스』가 사람들의 관심을 끈 또 다른 이유일 것이다.

세이건은 특히 현대 기술 문명이 봉착하고 있는 핵전쟁과 환경 파괴의 문제를 심도 있게 다루면서, 인류의 미래를 위한 눈물겨운 호소로 대중에게 다가간다. 우리가 현재 누리고 있는 기술 문명이 인류와 지구를 파괴할 수 있을지도 모른다는 그의 문제 제기 역시 이 책이 크게 성공한 이유 중 하나일 것이다.

이 책이 출판된 지 40년이 지났기 때문에 현재 우리가 알고 있는 내용과 다른 내용도 일부 포함되어 있다. 그러나 그런 것은 이 책이 전하는 메시지에 전혀 방해가 되지 않을 것이다. 2,000년이나 되는 인류 문명의 역사에서 40년은 아주 짧은 기간이기 때문이다. 그러나 이 책에서는 독자를 위하여 현재 알려진 내용과 다른 부분은 수정하거나 보충했다.

『코스모스』를 재구성하면서 가장 신경을 쓴 것은 많은 분량의 내용은 크게 줄이면서도 『코스모스』에서 느낄 수 있는 감동은 그대로 전할 수 있도록 하자는 것이었다. 『코스모스』는 단순한 과학책이 아니라 우주와 생명체, 그리고 인간에 대한 애정과 관심이 담겨 있는 서사시이다. 따라서 『코스모스』가 가지고 있는 감동을 전할 수 없다면 이 책을 만들 이유가 없다고 생각했다.

큰 기대를 갖지 않고 시작한 『칼 세이건의 《코스모스》 읽기』의 원고 작업이 내게는 새로운 깨달음의 시간이 되었다. 책을 한 번 쭉 읽어 보는 것과 한 줄 한 줄 정독하는 것은 다르다. 새로울 것 없어 보이는 내용도 곱씹다 보면 새로운 면을 발견할 수 있다. 이 책을 다시 정독할 수 있게 된 것은 참으로 즐거운 경험이었다.

| 차례 |

제1장
저자에 대하여

『코스모스』의 저자인 칼 세이건Carl Sagan은 1934년 11월 9일, 미국 뉴욕의 브루클린에서 태어났다. 어릴 때부터 공상과학 소설, 천문학, 그리고 물리학과 관련된 책들을 많이 읽었던 세이건은 특히 천문학에 많은 관심을 가지고 있었다. 세이건은 고등학교 재학 시절 글짓기 대회에 참가하여 "우리보다 발전된 기술 문명을 가진 외계 문명과 우리가 만나게 되면, 앞선 문명을 가진 유럽인들이 아메리카 원주민들을 학살했던 것과 같은 비극적인 일이 벌어질 수도 있다"는 내용의 글을 써서 1등 상을 받았다. 고등학교를 졸업할 때는 가장 성공할 것 같은 학생을 뽑는 투표에서 가장 많은 표를 받았고, 졸업식에서는 졸업생

대표로 고별사를 낭독하기도 했다.

월반을 통해 16살에 고등학교를 조기 졸업한 세이건은 천문학자가 되겠다는 결심 끝에 입학 연령의 제한이 없고, 여키스 천문대를 소유하고 있는 시카고대학에 진학했다. 대학에 다니는 동안 세이건은 돌연변이를 연구하여 노벨 생리의학상을 받은 유전학자 허먼 조지프 멀러(1890-1967)의 연구실에서 실험하기도 했고, 중수소를 발견하여 노벨 화학상을 받은 해럴드 유리(1893-1981)의 지도를 받으며 생명의 기원에 대한 논문을 쓰기도 했다.

1954년에는 천문학 학사학위를, 그리고 다음 해인 1955년에는 물리학 학사학위를 받은 세이건은 다음 해에는 석사학위를 받았으며, 1960년에는 행성들의 물리적 상태에 대한 연구로 박사학위를 받았다. 그의 논문 지도교수는 행성 천문학자로 천왕성의 위성 미란다와 해왕성의 위성 네레이드를 발견하고, 해왕성 바깥쪽에 있는 소행성대인 카이퍼 벨트의 존재를 예측한 제라드 카이퍼(1905-1973)였다. 세이건은 대학원에 다니는 동안 빅뱅이론을 제안한 조지 가모브와 식물이 물과 이산화탄소를 이용해 유기물을 합성하는 과정을 밝혀내 노벨 화학상을 받은 멜

빈 캘빈의 연구에도 참여했다.

박사학위를 받은 후 1960년부터 1962년까지는 캘리포니아 대학 버클리 캠퍼스의 연구원으로 있으면서 금성의 대기 상태를 연구했다. 금성의 표면이나 대기 상태에 대해 알려진 것이 거의 없었던 1961년에 세이건은 금성에서 오는 전파를 분석한 자료를 토대로 금성 표면은 많은 사람들의 예상과는 달리 평균 온도가 500℃에 이르는 매우 건조한 상태라고 주장하는 논문을 발표했다. NASA 제트추진 연구소의 객원 연구원을 겸하고 있던 세이건은 NASA가 추진하는 금성 탐사 프로젝트인 마리너 프로젝트에도 참가했다. 1962년 최초로 금성 근접 통과에 성공한 마리너 2호는 금성 표면 상태에 대한 세이건의 예측이 옳았다는 것을 확인해 주었다.

금성 대기에 대한 연구 결과를 인정받은 세이건은 1961년에 하버드대학의 조교수가 되었다. 1961년부터 1968년까지 하버드대학에 근무하는 동안 그는 하버드대학과 같은 도시에 위치한 스미소니안 천체물리 관측소에서도 일했다. 왕성한 연구 활동에도 불구하고 1968년에 하버드대학의 정년보장 심사를 통과하지 못하였다.

하버드대학에서 정년보장을 받지 못한 첫 번째 이유는 그가 특정한 한 분야가 아니라 과학의 넓은 분야에 관심을 가지고 있었기 때문이었다. 그러나 이것은 그가 훗날 전 세계인이 읽는 책들을 쓰는 데 소중한 자산이 되었다.

그리고 두 번째 이유는 그의 지도교수였던 해럴드 유리가 세이건의 대중적인 활동을 못마땅하게 생각해 정년보장을 강력하게 반대했기 때문이었다.

세이건은 하버드대학에서 계속 연구를 할 수 없게 되자 코넬대학으로 옮겼다. 그는 1996년에 세상을 떠날 때까지 30년 가깝게 코넬대학 교수로 재직했다. 하버드대학과는 달리 코넬대학의 천문학과에서는 세이건이 일반인들을 위한 텔레비전 시리즈 제작에 참여하는 것과 일반인들을 위한 과학책을 집필하는 것을 격려하고 지원하였다.

미국의 우주 개발 프로그램이 시작될 때부터 이를 참여했던 세이건은 오랫동안 NASA의 자문위원으로도 활동했다. 그는 아폴로 우주 비행사들을 교육하는 일을 맡기도 했고, 무인 탐사선을 위한 여러 가지 실험에도 관여했으며, 1972년에 발사된 파이어니어 1호와 1973년에 발사된 파이어니어 2호에 실어 보널 메시지를 만들기도 했다. 세이건은 이 메시지를 더욱 정교하게 다듬어서 1977년에 발사되어 현재에도 계속 외행성들을 탐사하고 우주로 날아가고 있는 보이저 1호와 보이저 2호에 실었으며, 금박을 입힌 레코드를 제작하여 동봉했다. 세이건은 1976년에 화성에 착륙하여 화성 생명체를 찾아내기 위한 바이킹 프로젝트에도 참여하여 착륙지점을 선정하고 실험 종목을 정하는 것과 같은 중요한 업무를 수행했다.

세이건은 '토성의 위성인 타이탄의 표면에 액체로 이루어진 바다가 있을 것이라는 것'과, '목성의 위성 유로파의 표면 아래 물로 이루어진 바다가 있을 것'임을 예측한 사람 중 한 사람이었다. 유로파의 표면 아래 물로 이루어진 바다가 있다는 것은 갈릴레오 탐사선에 의해 간접적으로 확인되었다. 세이건은 이 외에도 금성과 목성의 대기 상태, 화성의 계절적 변화, 금성에서 있었던 온실효과 폭주와 같은 다양한 연구에도 기여했다. 세이건은 화성에서 관측되는 계절적 변화가 생명체와 관련된 것이 아니라 모래 폭풍에 의해 표면 상태가 달라지는 것임을 밝혀냈다. 세이건은 외계 생명체에 대한 연구에도 많은 관심을 가지고 있었다.

세이건은 12년 동안 행성 연구 잡지인 『이카루스』의 기술적인 문제를 다루는 책임자로 일했고, 행성 협회를 창립하는 데 기여했으며, 외계 생명체를 찾기 위한 연구를 수행하던 SETI 연구소의 이사로 활동하기도 했다. 미국 천문학회의 행성과학 분과 위원장을 역임했으며, 미국 지구물리학회의 행성과학 책임자와 미국과학진흥회AAAS의 천문학 분야 책임자로도 일했다.

천문학 분야의 연구에서 그가 이룬 활발한 연구 활동과 뛰어난 연구 업적에도 불구하고 세이건을 세계적인 유명 인사로 만든 것은 그가 대중들을 위해 제작한 텔레비전 다큐멘터리 시리즈와 그가 쓴 책들이었다. 세이건은 1977년에 인간의 지능이 진화하는 과정을 추론한 『에덴의 드래곤』을 출판하여 퓰리처상을 받았으며, 1979년에는 『브로카의 뇌: 과학의 로맨스에 대한 회상』을 출판했다. 1980년에 세이건은 PBS가 제작한 13부작 과학 다큐멘터리 「코스모스: 개인적 항해」의 공동 저자 및 제작자로 참여하였고, 해설자로도 활약했다. 이 시리즈는 세이건을 연구실 안에서 연구에 열중하던 천문학자에서 대중적인 스타로 변신시켰다.

냉전 기간 동안에 핵무기의 위험성을 널리 알리고 핵무기 감축을 위해 노력했던 세이건은 "핵겨울"이라는 말을 널리 유행시키기도 했으며, 핵무기가 인류 문명은 물론 지구 생명체의 미묘한 균형을 깨트려 지구 생명체 전체를 파멸로 이끌 수 있다고 경고하기도 했다. 세이건은 1984년에 『춥고 어두움: 핵전쟁 후의 세계』, 1990년에 『아무도 생각해 보지 않은 길: 핵겨울』과 『핵무기 경쟁의 끝』을 출판해 핵겨울의 위험성을 알리고 핵무기 축소의 필요성을 역설했다. 그러나 그의 핵겨울 이론은 근거가 부족하며 확실하지 않은 사실을 크게 과장했다는 비판을 받기도 했다.

1985년에 세이건은 공상과학 소설 『콘택트』를 발표했다. 이 책에서 주인공은 자신의 아버지 모습을 하고 있는 외계인을 만난다. 우리보다 앞선 기술 문명을 가진 외계인들이 주인공의 뇌에 저장되어 있는 정보를 읽어내서 그 사람이 가장 친근하게 느끼는 모습으로 나타난 것이다. 그것은 지금까지 내가 본 공상과학 소설이나 영화에 등장한 외계인의 모습 중에서 가장 오랫동안 기억에 남는 모습이었으며, 가장 많은 것을 생각하게 한 모습이었다. 『콘택트』를 기반으로 한 같은 제목의 영화는 그가 세상을 떠난 다음 해에 개봉되었다.

　1994년에는 세이건의 책들 중 『코스모스』 다음으로 많은 사람들에게 읽힌 『창백한 푸른 점: 우주에서의 인류의 미래에 대한 비전』을 출판했다. 창백한 푸른 점은 지구로부터 60억 킬로미터 떨어진 곳까지 날아간 보이저 1호가 태양계를 돌아보고 찍은 사진에 희미한 점으로 나타난 지구의 모습을 나타낸다. 이 책은 보이저 탐사선이 찍은 많은 사진들과 새로운 사실들을 소개하고 인류와 지구의 미래를 예견한 책이다. 이 책은 사람들의 감성에 호소하는 많은 명문장들을 포함하고 있어 과학책을 읽는다는 느낌보다는 뛰어난 수필을 읽는 느낌으로 읽을 수 있는 책이다.

　과학 대중화에 앞장섰던 세이건은 과학의 대중화가 필요한 이유에는 두 가지가 있다고 설명했다. 첫번째 이유는 과학 연구에 소요되는 돈이 궁극적으로는 대중들이 지불하는 것임으로 대중들은 그들의 돈이 어떻게 사용되고 있는지 알 권리가 있다는 것이다. 그리고 과학에 대한 대중들의 관심이 높아지면 과학에 대한 투자가 늘어날 것이기 때문에 과학의 발전을 위해서도 과학의 대중화가 도움이 된다고 보았다. 특히 미국처럼 여론에 따라 예산의 크기가 좌우되는 사회에서는 더 많은 예산을 배정받기 위해서라도 과학 대중화를 적극적으로 추진해야 한다는 것이다.

그는 과학 대중화가 필요한 두 번째 이유는 과학자들의 과학적 성취를 통해서 얻는 즐거움을 일반인들에게도 나누어 줄 필요가 있기 때문이라고 주장했다. 스포츠나 음악을 들으면서 즐거움을 느낄 수 있는 것처럼 과학적 사실을 아는 것에서도 그와 비슷한 즐거움을 느낄 수 있다. 그런 즐거움을 과학자들만의 전유물로 남겨 두어서는 안 된다는 것이다.

세이건은 일반인들로부터 뛰어난 과학자로 널리 인정받았던 것과는 달리 과학자들로부터는 상반된 평가를 받았다. 그를 가장 격렬하게 비판했던 해럴드 유리는 그가 과학자로서는 지나치게 많은 대중적인 활동을 하고 있으며, 과학 이론을 확대하거나 과장한다고 비판했다. 이런 비판이 제기된 것은 엄격한 실증주의자였던 유리는 과학자는 실험을 통해 확인된 것만을 사실로 받아들여야 한다고 생각했던 반면, 세이건은 과학자가 다양한 가능성을 이야기하는 것이 문제될 것이 없다고 생각했기 때문이었다. 또 다른 사람들은 그가 학자와 교수로서의 역할을 소홀히 하고 대중을 상대로 한 저술과 텔레비전 출연에 더 많은 시간을 할애했다고 비난하기도 하였다.

그러나 해럴드 유리는 후에 세이건의 대중적인 활동이 과학을 위해 도움이 된다는 것을 인정했다. 1977년에 출판된 세이건의 『에덴의 드래곤』을 좋아했던 유리는 세이건에게 보낸 편지에 다음과 같이 썼다. "나는 이 책을 매우 좋아합니다. 그리고 당신이 생명과 지능에 관해서 폭넓게 이해하고 있다는 데에 깊은 인상을 받았습니다. … 축하합니다. … 당신은 많은 능력을 가지고 있는 사람입니다."

인류와 통신할 수 있는 외계 지적 생명체를 찾아내기 위한 연구와 활동에 적극적으로 관여했던 세이건은 UFO미확인비행물체에 대해서도 많은 관심을 가지고 있었다. 그는 과학적인 방법으로 UFO와 관련해 제기된 문제들의 해답을 얻을 수 있을 것이라고 생각하지는 않았지만, 적어도 많은 사람들이 UFO에 대해 관심을 가지고 있기 때문에 과학자들이 이 현상에 대해 연구해야 한다고 주장했다.

외계 지적 생명체와 UFO의 관계에 대한 세이건의 생각은 다음과 같이 요약할 수 있다. "은하에 우리와 같은 문명이 흔하다면 외계인이 우리에게 특별하게 관심을 가질 이유가 없고, 우리와 같은 문명이 흔하지 않다면 우리를 방문할 수 있는 외계인 역시 매우 드물 것이다." 일부 사람들은 이것을 세이건의 역설이라고 부르기도 한다. 세이건의 활동으로 인해 외계인을 찾아내기 위한 연구와 UFO를 외계인과 관련시켜 설명하는 것을 분리할 수 있게 되었고, 과학자들은 UFO를 연구한다는 오해를 받지 않고 외계의 지적 생명체를 찾아내기 위한 연구를 할 수 있게 되었다.

세이건은 화성 탐사선 마스 패스파인더 프로젝트를 위해 일하던 중 지병이었던 골수이형성 증후군의 합병증인 폐렴으로 1996년 12월 20일 세상을 떠났다.

제2장
과학 해설서의 새로운 지평을 연
『코스모스』

　『코스모스』의 서문에서 세이건은 「코스모스: 개인적 향해」라
는 제목의 텔레비전 시리즈에 참여하게 된 경위에 대해 다음과
같이 설명했다.

　"1975년 8월 미국 케이프케네디 우주 기지에서 발사된 바이킹
　1호와 2호는 1976년 7월과 9월에 화성 표면에 착륙하여 생생한
　화성 표면의 사진을 전송해 왔고, 생명체의 흔적을 찾아내기 위
　한 여러 가지 실험을 했다.
　바이킹 1호와 2호의 화성 탐사는 미국의 우주 탐사의 한 획을 그
　은 대단한 성공을 거두었다. 그럼에도 불구하고 일반 대중들은

우주 관련 프로젝트에 큰 관심을 보이지 않았고, 바이킹 프로젝트가 화성에서 생명체를 발견하지 못했다는 것이 확실해지자 태양계 탐사에 대한 사람들의 관심이 급격하게 줄었다. 바이킹 탐사 프로젝트를 수행했던 과학자들은 언론과 대중들의 이런 무관심에 크게 실망했다."

세이건은 일반인들이 우주 탐사에 관심을 가지게 하기 위해 과학과 우주 탐사 프로그램을 제작해 대중 속으로 파고드는 것이 필요하다는 생각을 하게 되었다. 세이건은 로스앤젤레스 지사 PBS공공 방송서비스와 함께 태양계 탐사를 인류 문명의 발전 과정의 연장선상에서 새롭게 조망하는 13부작 텔레비전 시리즈를 제작하기로 했다. 일반 시청자들의 귀와 눈을 놀라게 할 영상물을 통해 그들의 가슴과 머리를 동시에 사로잡기로 한 것이다.

PBS에서 1980년 9월 28일에 첫 방송을 시작해 그해 12월 21일까지 13회에 걸쳐 방송했던 「코스모스」 시리즈는 60개 이상의 국가에서 5억 명 이상이 시청할 만큼 예상했던 것보다 훨씬 큰 성공을 거두었다. 세이건의 세 번째 아내가 된 과학 작가 앤 드

루얀, 그리고 천체물리학자 스티븐 소티가 작가와 제작자로 공동으로 참여하고, 아드리안 말론이 감독한 「코스모스」 시리즈는 에미상과 피바디상을 수상했다. 「코스모스」는 과학을 주제로 한 영상물의 새로운 시대를 여는 분수령이 되었다.

세이건은 시공간적으로 여러 가지 제약을 받는 텔레비전 시리즈보다 깊이 있는 내용을 다룰 수 있는 같은 제목의 책을 텔레비전 시리즈와 함께 준비했다. 텔레비전 시리즈와 책이 상호 보완적이면서도 서로의 내용을 이해하는 데 도움이 되도록 텔레비전 시리즈 한 편이 책의 한 장과 대응이 되도록 구성하여 큰 틀에서는 각 내용이 크게 다르지 않다.

그러나 텔레비전 시리즈에서는 다루었지만 책에서는 다루지 못한 내용도 있고, 텔레비전 시리즈에서는 다루지 못하고 책에서만 다룬 내용도 있다. 하지만 텔레비전 시리즈보다는 책에 훨씬 자세한 내용이 더 많이 포함되어 있다.

과학에 대한 새로운 지식을 얻기 위해서가 아니라 우주와 인류, 그리고 내가 어떻게 연결되어 있는지를 알고 싶다면, 그리고 그런 연결이 주는 큰 감동을 경험하고 싶다면 이 책은 가장 좋은 선택이 될 것이다. 이 책은 우주의 역사와 생명체의 역사가 어떻게 상호 작용하는지, 우주의 역사 속에서 인류 문명이 어떤 의미를 가지고 있는지, 그리고 20세기에 진행된 우주 탐사가 인류 문명의 역사에서 어떤 의미를 가지고 있는지를 심층적으로 다루고 있다. 이 책은 단순한 과학책이 아니라 우주와 생명체의 역사서이며, 과학을 통해 본 인류 문명사이다.

텔레비전 시리즈의 큰 성공에 힘입어 『코스모스』는 출판되자마자 많은 사람들의 주목을 받아 출판된 해에 50만 권 이상이 팔린 최초의 과학책이 되었고, 1981년에는 비소설 분야의 책에 주는 휴고상을 받았다. 『코스모스』는 70주 연속 『뉴욕타임즈』 베스트셀러였으며, 세계 여러 나라에서 500만 권 이상이 팔려 명실공히 세계적인 베스트셀러가 되었다.

『코스모스』가 출판된 후 그동안 사람들의 주목을 받지 못했던 과학을 주제로 한 책들이 출판계의 중요한 장르로 부각되면서 많은 과학 해설서들이 출판되어 과학에 대한 이해의 지평을 넓혔다.

『코스모스』는 앞서 말했듯이 총 13장으로 구성되어 있다. 각각의 장들은 인류 역사상 있었던 과학적 사실의 발견이나 과학 문명의 발전을 20세기에 이루어진 태양계, 또는 우주 탐사와 연계시키는 구조로 구성되어 있다. 따라서 각 장은 인류 역사에 있었던 과학적 발견과 우주 탐사의 생생한 현장을 다루고 있다.

과학사를 다룬 부분에서는 과학사의 전반적인 흐름보다는 저자가 특별히 관심을 가지고 있는 인물이나 시대에 초점을 맞추어 이를 강조하고 있어서 이미 알고 있는 역사적 사실과 다른 내용이나 해석을 발견할 수 있다. 그러나 태양계와 우주 탐사를 다룬 부분에서는 저자가 직접 현장에서 경험한 내용을 다루고 있어 탐사 현장을 직접 체험하는 것과 같은 생생한 느낌이 든다.

『코스모스』의 각 장의 제목과 주제들은 다음과 같다.

제1장 코스모스의 바닷가에서: 알렉산드리아 시대의 과학자들부터 대항해 시대에 지구를 탐사한 탐험가들에 이르기까지 많은 선구자들의 노력으로 지구와 우주에 대해 알아가는 과정을 다뤘다.

제2장 우주 생명의 푸가: 지구의 생명체에 대한 이해를 바탕으로 우주 생명체를 이해하려는 시도의 위험성을 지적하고 지구 생명체는 우주에 존재할 수 있는 다양한 형태의 생명체들 중

한 가지 형태에 불과할 것이라는 점을 강조한다.

제3장 지상과 천상의 하모니: 지구중심설이 태양중심설로 전환되는 과정, 케플러가 브라헤의 관측 결과를 이용하여 행성 운동의 법칙을 발견하여 태양중심설을 완성하는 과정, 그리고 뉴턴이 케플러의 행성 운동법칙을 바탕으로 운동 법칙과 중력 법칙을 발견하는 과정을 설명하고 있다.

제4장 천국과 지옥: 지옥과 같은 환경이 펼쳐져 있는 금성 표면의 상태를 생명체가 가득한 지구 환경과 비교하고, 생명체가 살아갈 수 있는 모든 조건을 갖추고 있는 지구의 소중함과 환경 보호의 필요성을 일깨워 준다.

제5장 붉은 행성을 위한 블루스: 화성 탐사의 역사와 저자가 직접 참여했던 화성 탐사선 바이킹 1호와 2호의 탐사결과에 대해 자세하게 설명한다. 바이킹 탐사선이 화성의 한 지점에 머물면서 여러 가지 생화학적 실험을 했기 때문에 화성 생명체의 존재 여부에 대해 결론을 내리지 못했음을 아쉬워했다.

이 장에는 "화성 표면을 관측하고 화성인들이 운하를 건설하고 있다고 주장했던 퍼시벌 로웰이 준외교관 신분으로 조선이라는 나라에서 근무한 특이한 경력을 가지고 있다"고 설명한 내용이 포함되어 있다. 하버드대학을 졸업한 후 일본을 여행하다 알게 된 주일미국공사의 요청으로 미국을 방문하는 조미수호통상사절단의 안내를 맡았던 로웰은 고종의 초청으로 약 3개월 동안 우리나라를 방문하고 미국으로 돌아가 우리나라를 소개하는 『고요한 아침의 나라 조선*Chosun, the Land of Morning Calm*』이라는 책을 출판하기도 했다. 따라서 준외교관의 신분으로 조선이라는 나라에서 근무했다는 내용은 사실과 다르지만 우리나라와 각별한 인연이 있었던 것은 사실이다.

제6장 여행자가 들려준 이야기: 1979년 지구에서 발사된 보이저 1호와 2호 탐사선이 목성, 토성, 천왕성, 해왕성을 차례로 근접 통과하면서 관측한 내용을 자세하게 설명해 놓았다.

제7장 밤하늘의 등뼈: 자연에 대한 설명에서 신화를 걷어내고 과학적인 방법을 도입한 이오니아의 자연철학자들과 이들의 전통을 계승한 알렉산드리아 과학자들의 연구 활동을 설명하고, 별 세계의 신비를 밝혀내는 현대 천문학을 이러한 전통의 연장선상에서 파악하려고 시도한다.

제8장 시간과 공간을 가르는 여행: 상대성이론을 설명하고 우주에서 시간과 공간이 어떤 의미를 가지고 있으며 어떻게 밀접하

게 얽혀 있는지를 설명한다.

제9장 별들의 삶과 죽음: 탄생하고, 성장하여 죽어가는 별들의 일생과 별들 내부에서 원소들이 합성되는 과정을 다룬 이 장에서는 별의 일생은 질량의 크기에 따라 백색왜성이나 중성자별, 또는 블랙홀 중 하나로 마감하게 된다는 것을 설명한다.

제10장 영원의 벼랑 끝: 빅뱅이라는 사건으로 시작된 우주에 은하라는 구조가 나타나는 과정을 설명하고 있다. 이 장에서는 빅뱅이 있었던 시기를 150억 년 전에서 200억 년 사이라고 이야기하고 있지만 이 책이 출판된 후 이루어진 정밀한 관측 결과는 빅뱅이 지금부터 약 128억 년 전에 있었음이 밝혀졌다.

제11장 미래로 띄운 편지: 유전자에 포함된 정보의 양과 유전자를 가진 DNA 분자와 뇌의 역할에 대해 설명하고, 인류가 외계 생명체와 통신할 수 있을 가능성에 대해 설명한다.

제12장 은하 대백과사전: 외계인이 보내오는 신호를 해독하는 것을 이집트의 상형문자를 해독하는 과정과 비교하여 외계인들과 통신하는 것이 얼마나 어려운 일인지를 설명하고, 가능한 다양한 통신 방법과 통신이 가능한 외계 문명의 수에 대한 다양한 추정 내용을 소개하고 있다.

제13장 누가 우리 지구를 대변해 줄까?: 인류가 발전시킨 과학이 인류를 파멸로 몰고 갈 수도 있다는 것을 경고하고 파멸을 방지하기 위해 우리 모두가 노력해야 한다는 것을 강조하고 있다. 이 책이 출판된 1970년대의 냉전 상황 속에서 핵전쟁에 대한 공포가 얼마나 컸는지를 제13장의 내용을 통해 확인할 수 있다. 40년이 지난 오늘날에는 환경파괴나 지구온난화와 같은 문제들이 더 심각하게 부각되고 있지만 핵전쟁의 위험도 사라진 것은 아니다.

제3장
재구성한 『코스모스』

    40여 년 전에 출판된 이 책에는 일부 내용이나 숫자가 현재 우리가 알고 있는 내용과 다른 것들이 있고, 냉전 체제가 끝난 오늘날의 정서로는 받아들이기 어려운 내용도 포함되어 있다. 이 장에는 500쪽이 넘는 『코스모스』의 내용을 크게 훼손하지 않으면서, 이 책이 주는 감동을 가능한 생생하게 경험할 수 있도록 『코스모스』의 내용을 각 장별로 요약하고, 보완하여 재구성해 놓았다. 새로운 발견으로 달라진 숫자나 내용은 새로운 내용으로 수정했다.

1. 코스모스의 바닷가에서

우주는 과거에 있었던 것과 현재에 있는 것, 그리고 미래에 있을 것 모두를 포함한다. 다시 말해 우리 자신을 포함해 우리가 보고, 느끼고, 생각하는 것이 모두 우주의 일부분이다. 조용히 눈을 감고 우주를 마주하고 있으면 깊은 울림이 가슴으로 전해지는 것을 느낄 수 있다. 우주를 마주할 때마다 아득히 높은 데서 어렴풋한 기억의 심연으로 떨어지는 듯한 신비감에 사로잡힌다. 우주를 마주한다는 것은 미지 중의 미지와 마주하는 것이고, 신비 중의 신비와 마주하는 것이기 때문이다.

우주의 일부인 우리는 우주와 밀접하게 연결되어 있다. 인류는 우주에서 태어났으며, 앞으로의 운명도 우주와 함께할 것이다. 따라서 인류와 인류가 이루어 놓은 문명의 운명은 우주와 분리해서 생각할 수 없다. 이제 우주적 관점에서 인간의 본질과 만나기 위한 위대한 여행을 시작해 보자.

우주는 우리가 상상할 수 없을 정도로 넓고 크지만 그렇다고 해서 우리가 이해할 수 없는 대상은 아니다. 우주를 이해하기 위해서는 모든 것을 의심하는 회의적인 자세와 자유로운 상상력이 필요하다. 상상에만 의존한다면 존재하지도 않는 세계로 빠져 버릴 우려가 있지만, 상상력 없이는 한 발짝도 우주에 다가갈 수 없다. 모든 것을 의심하는 자세는 상상의 세계와 실제 세상을 분별할 수 있도록 하여 우리의 여행이 궤도에서 벗어나지 않도록 균형을 잡아 줄 것이다.

우주를 거대한 바다라고 한다면 우리가 살아가고 있는 지구 표면은 작은 바닷가라고 할 수 있다. 우주라는 바다에 대해 우리가 알고 있는 것은 대부분이 바닷가에서 겪은 경험을 바탕으로 한 것이다. 인류가 직접 바다로 뛰어들기 시작한 것은 최근의 일이다. 그러나 그것은 아직 겨우 발가락을 적시는 수준에 불과하다.

지구는 우주에서 특별한 장소도 아니고, 우주 어디에서나 발견할 수 있는 평범한 장소도 아니다. 우주의 대부분은 텅 빈 공간이다. 따라서 우주 안에 존재하는 별들과 별들 주위를 돌고 있는 행성들은 우주에서 특별한 장소라고 할 수 있다. 지구 밖에 나가 우주를 바라본다면 캄캄한 어둠을 배경으로 희미하고 가냘픈 빛줄기가 여기저기 떠 있는 것이 보일 것이다. 이 희미한 빛들이 은하들이다. 은하들은 우주 공간에 홀로 떠 있는 경우도 있지만, 은하단이라는 집단에 속해 있는 경우가 더 많다. 은하들을 멀리서 바라보면 하나의 예술 작품처럼 보인다. 은하는 우주라는 바다에 자연이 만들어 놓은 놀라운 예술품이다.

은하는 별과 기체와 먼지로 이루어져 있다. 우주에는 은하가 수천억 개가 있고, 각각의 은하에는 또 수천억 개의 별이 포함되어 있다. 따라서 우주에 있는 별의 총 수는 대략 10^{22}개나 된다. 우주에 대한 위대한 탐험을 시작하기 전에 태양계로부터 80억 광년쯤 떨어진 곳에서 지구를 향해 다가오는 여행을 상상해 보자. 우주를 여행하기 전에 우리의 고향인 지구가 우주에서 어떤 위치를 차지하고 있는지 알아보고 싶기 때문이다. 80억 광년 떨어진 곳에서는 태양계와 지구는 물론 태양계가 속한 은하수은하를 구별하기도 어려울 것이다.

수십 개에서 수천 개의 은하들로 이루어진 은하단을 여러 개 통과한 다음 약 3억 6000만 광년 정도 떨어져 있는 1,000개 정도의 은하들로 이루어진 머리털자리 은하단을 지나면 수십 개의 은하들로 이루어진 우리은하가 속한 국부은하군이 희미하게 모습을 드러낼 것이다. 국부은하군에 가까워짐에 따라 안드로메다은하와 우리은하수은하의 멋진 모습이 나타날 것이다.

200만 광년 떨어진 곳에 있는 국부은하군에서 가장 큰 은하인 안드로메다은하를 지나면 2억 5000만 년마다 한 번씩 은하 중심을 돌고 있는 은하수은하가 선명하게 보일 것이다.

태양계로 가려면 은하수은하의 중심 방향으로 작용하는 중력을 뿌리치고, 은하 중심으로부터 뻗어 나온 여러 개의 나선팔 중 하나로 향해야 한다. 태양계로 가는 길에서는 크고 작은 많은 별들, 초신성, 중성자성, 블랙홀과 같은 천체들을 만나게 된다. 별들 중에는 태양처럼 홀로 있는 별도 있지만 다른 별들과 중력으로 연결되어 서로를 돌고 있는 연성을 이루고 있는 별들이 더 많다.

그리고 수십 개에서 수백 개의 별들이 불규칙하게 모여 있는 산개성단들이 있는가 하면 수백만 개의 별들이 구형으로 모여 있는 구상성단도 있다. 질량이 큰 별이 일생의 마지막 단계에서 폭발하면서 빛나는 초신성은 은하를 이루고 있는 모든 별의 밝기를 합한 것보다 밝게 빛나지만, 빛마저 탈출할 수 없는 블랙홀은 암흑 그 자체이다. 별들 중에는 밝기가 항상 일정한 별들도 있지만 주기적으로 밝기가 변하는 별들도 있으며, 빠르게 자전하는 별들도 있고, 느리게 자전하는 별들도 있다. 그리고 별들 중에는 이제 막 태어난 별들도 있고, 밝게 빛나는 젊은 별들도 있으며, 죽어 가는 별들도 있다.

우리은하수은하에는 수많은 별들이 자연법칙에 따라 복잡하면서도 질서정연한 운동을 하고 있다. 이웃 별들과 수 광년의 거리를 두고 떨어져 있는 별들은 은하라는 넓은 공간에 떠 있는 외딴 섬들이다. 은하를 이루고 있는 많은 별들은 자신을 돌고 있는 행성들을 거느리고 있다.

행성들 중에는 지구처럼 생명을 탄생시켜 진화시키고 있는 행성들이 틀림없이 있을 것이다. 그런 행성에 살고 있는 외계 생명체들도 그들에게 빛을 보내주는 가장 가까이 있는 별과 이웃 행성들이 우주의 전부라고 생각하면서 살아가고 있을까? 태양계와 지구라는 좁은 공간에 고립되어 있던 인류는 이제 별들과 은하로 이루어진 우주를 내다보기 시작했다. 어쩌면 외계 행성들 중에 지적 생명체를 가지고 있는 행성이 있을지도 모르고, 그런 생명체들은 발전된 기술을 이용해 행성 표면을 개조하고, 우주를 개척하는 일을 하고 있을는지도 모른다.

지구에서 1광년 떨어진 태양계 가장자리에 도달하면 거대한 눈덩어리들이 태양을 둥글게 에워싸고 있는 혜성의 고향을 볼 수 있을 것이다. 혜성들의 고향을 지나 지구로 다가오다 처음 만나는 천체는 이제는 행성 지위를 박탈당하고 왜소 행성으로 강등된 명왕성이다. 메탄 얼음으로 덮여 있는 명왕성은 크기에 비해 큰 위성인 카론을 거느리고 있다. 명왕성에서 보면 태양도 희미하게 빛나는 작은 점으로 보인다.

명왕성을 지나면 거대한 크기의 해왕성, 천왕성, 토성, 목성을 차례로 만날 수 있다. 거대한 기체 덩어리인 이들 목성형 행성들은 모두 여러 개의 위성들을 거느리고 있다. 목성형 행성들은 모두 고리를 가지고 있는데 가장 아름다운 고리는 토성의 고리이다. 그래서 토성은 태양계의 보석이라고 불린다.

목성형 행성들을 지나면 수많은 작은 천체들이 무리를 이루어 태양을 돌고 있는 소행성대를 지나게 된다. 소행성대를 무사히 통과해 안쪽으로 들어오면 암석으로 이루어진 행성들을 만날 수 있다. 하늘 높이 솟아오른 화산과 깊은 골짜기가 있는 붉은 화성을 지나면 드디어 생명체들의 보금자리인 지구를 만날 수 있다. 푸른 질소의 하늘이 있고, 바다가 있고, 시원한 숲이 펼쳐져 있으며, 부드러운 들판이 달리고 있는 생명으로 가득한 지구는 우주에서 특별한 장소이다. 지구는 우주적 관점에서 볼 때도 가슴 시리도록 아름다운 행성이다. 지구는 우리가 알고 있는 유일한 생명체의 보금자리이다.

인류는 수백만 년 동안 지구에서 살아왔지만 지구를 수많은 천체 중 하나라고 생각하기 시작한 것은 그리 오래 되지 않는다. 오랫동안 우리에게는 지구가 우주의 중심이었고, 지구에 살고 있는 우리는 우주의 주인공이었으며, 태양과 달, 그리고 별들과 행성들은 지구를 위한 장식품에 지나지 않았다. 그러나 이오니아 철학자들의 전통을 이어받아 인류에게 탐험 정신을 잉태시킨 알렉산드리아 시대의 과학자들 이후 모든 것이 달라졌다. 기원전 300년경부터 약 600년 동안 활동했던 알렉산드리아의 과학자들이 심어 놓은 탐험 정신은 인류를 우주의 바다로 이끌고 있다.

알렉산드리아는 알렉산더 대왕이 정복한 곳에 건설한 같은 이름의 여러 도시 중 하나였다. 탐구 정신과 모험심이 남달랐던 알렉산더 대왕은 알렉산드리아를 무역, 문화, 학문의 중심지로 발전시키고 싶어 했다. 알렉산더를 계승한 이집트의 왕들은 학문을 존중했고, 연구 활동을 지원했으며, 알렉산드리아에 대형 도서관을 짓고 동서양의 책들을 수집했다. 이로 인해 알렉산드리아는 세계 학문의 중심지가 되었고, 자연과학에 대한 연구가 활발하게 이루어졌다.

알렉산드리아의 도서관을 중심으로 활동했던 과학자들 중에는 『기하학 원론』을 써서 기하학을 집대성한 유클리드를 비롯해, 별자리의 지도를 만들고, 별의 밝기를 측정한 히파르코스, 언어학의 체계를 확립한 언어학자 디오니시우스, 지능이 심장이 아니라 뇌에 있다는 것을 밝혀낸 헤로필로스, 정교한 기계 장치를 다수 고안한 헤론, 부력의 원리를 발견한 아르키메데스, 타원과 포물선, 그리고 쌍곡선이 원추곡선이라는 것을 밝혀낸 아폴로니우스 등이 있다. 그리고 천문학자, 역사학자, 지리학자, 철학자, 시인, 연극 평론가, 수학자로 지구의 크기를 처음 과학적인 방법으로 측정한 에라토스테네스도 있었다.

알렉산드리아 도서관의 책임자로 일하고 있던 에라토스테네스는 오래된 문서에서 알렉산드리아보다 남쪽에 있는 시에네 지방에서는 하루의 길이가 가장 짧은 6월 21일에는 지면에 수직으로 꽂은 막대의 그림자가 생기지 않는다는 기록을 발견했다. 그것은 그날 태양이 시에네의 머리 위에 있다는 것을 의미했다. 그는 같은 날 알렉산드리아에서 막대를 수직으로 꽂았을 때는 그림자가 생긴다는 것을 확인했다. 그는 하짓날 알렉산드리아에서 생기는 그림자의 각도가 7°라는 것과 알렉산드리아와 시에네 사이의 거리가 약 800킬로미터라는 것을 이용하여 지구 둘레가 약 4만 킬로미터라는 알아냈다.

에라토스테네스가 지구의 크기를 측정할 수 있었던 것은 지구가 둥글다는 것을 잘 알고 있었기 때문이었다. 인류 역사상 가장 뛰어난 과학 기술을 발전시켰던 알렉산드리아의 과학자들에게는 지구가 둥근 모습을 하고 있다는 것이 널리 알려져 있었다. 알렉산드리아 시대 초기에 활동했던 아리스타르코스는 월식 때 달이 지구 그림자 안으로 모두 들어가는 시간과 달이 지구 그림자를 모두 통과하는 시간을 비교하여 지구의 지름이 달 지름의 4배라는 것을 밝혀냈다. 따라서 에라토스테네스가 막대기, 눈, 그리고 발만을 이용하여 지구 둘레를 몇 퍼센트 오차 내에서 측정하자, 달의 크기도 알 수 있었다. 2,200년 전에 이런 측정을 할 수 있었다는 것은 놀라운 일이 아닐 수 없다. 2,200년 전에 알렉산드리아에서는 지구와 천체의 크기를 측정하고 있었다.

에라토스테네스가 지구의 크기를 측정한 후 용감한 사람들이 지구를 한 바퀴 도는 항해를 시도했다. 그러나 그들은 중도에 돌아올 수밖에 없었다. 1세기에 알렉산드리아에서 활동했던 지리학자 스타르본이 남긴 글을 보면 당시 사람들이 지구를 어떻게 생각하고 있었는지 알 수 있다.

지구를 한 바퀴 돌려고 나섰다 돌아온 사람들은 대륙이 앞을 막아 돌아온 것이 아니라고 한다. 바닷길은 멀리까지 열려 있었지만 의욕상실과 배고픔 때문에 돌아올 수밖에 없었다. 에라토스테네스는 바다가 걸림돌이 되지 않는다면 인도까지 배를 타고 갈 수도 있을 것이라고 생각했다. 살기에 적합한 땅이 온대 지방에 한 두 곳 더 존재할 가능성이 있다. 만약 그런 세상에 누군가가 살고 있다면 그들은 우리와 같은 사람들이 아닐 것임으로 우리는 그것을 다른 세상으로 보아야 할 것이다.

크리스토퍼 콜럼버스는 서쪽으로 항해해 동쪽에 있는 인도로 가려고 했던 사람들 중 한 사람이다. 에라토스테네스가 측정한 지구의 크기를 알고 있었던 그는 에라토스테네스의 계산이 정확하다면 인도에 가기 위해서는 항해해야 할 거리가 매우 멀다는 것을 알고 있었다. 그는 여러 가지 자료를 조사하여 지구의 크기를 가장 작게 계산한 결과를 카스티야의 여왕, 아라곤의 왕 페르난도와 결혼하여 에스파냐를 공동 통치하고 있던 이사벨 1세에게 제출하고 새로운 항로를 개척하는 데 필요한 재정 지원을 얻어냈다. 그는 지구를 돌아 인도에까지 도달하는 데는 실패했지만 대서양을 가로질러 항해하여 아메리카 대륙까지 가는 데는 성공했다.

최초로 지구를 한 바퀴 도는 항해에 성공한 사람은 페르디난드 마젤란이었다. 마젤란이 지구를 도는 여행을 한 것은 인류의 지구 탐사 역사에서 커다란 전환점이 되었다. 그 후 인류는 지구 구석구석을 탐사했다. 이제 지구에는 우리가 탐사해야 할 곳이 거의 남아 있지 않게 되었다. 이제는 우주로 눈을 돌릴 때이다. 우리는 우주를 탐사하려는 탐험 정신으로 가득하고, 그것을 가능하게 할 기술을 가지고 있다. 우리는 이제 우주라는 바다로 뛰어들 모든 준비를 끝냈다.

2. 우주 생명의 푸가

푸가는 하나의 주제를 여러 성부나 여러 종류의 악기가 연주하는 음악이다. 성악 합창곡, 기악 협주곡, 또는 성악과 기악이 합쳐서 이루어진 음악이 푸가이다. 생물학을 음악에 비유한다면 지구 생명체들이 들려주는 음악은 한 가지 악기로만 연주하는 단조로운 음악이다. 그러나 우주 생명체가 들려주는 음악은 여러 가지 성부로 이루어진 푸가일 가능성이 크다. 우리가 다양한 성부로 이루어진 은하 생명체들의 푸가를 들을 수 있다면 그 화려함과 장엄함에 정신을 잃고 말 것이다.

처음 만들어졌을 때 지구는 생명체라고는 그림자도 찾아볼 수 없는 황량한 장소였다. 그러나 현재 지구는 생명체로 넘쳐나고 있다. 바다나 육지는 물론 땅속이나 공기 중에도 생명체들이 가득하다. 지구는 어떻게 생명체가 가득한 행성이 될 수 있었을까? 생명체를 만드는 기본 물질인 유기분자들은 자연에서 화학반응을 통해 만들어졌을 것이다. 그러나 유기분자들이 모여 정교하고 복잡한 구조를 가지고 있는 생명체가 만들어지는 과정에 대해서는 아직 잘 이해하지 못하고 있다.

그러나 일단 지구상에 생명체가 나타나자 진화를 통해 점점 더 다양한 생명체로 발전해 갔고, 급기야는 인식 기능을 가지고 자신의 기원은 물론 지구와 우주의 기원을 탐구하는 인류가 나타나게 되었다. 이런 변화가 어떻게 가능했을까? 지구에서 그것이 가능했다면 우주에서도 가능하지 않을까?

성간운에는 생명체를 이루는 기본 물질인 유기분자들이 많이 포함되어 있다. 따라서 시간만 충분하다면 우주 어디에서나 생명체가 나타나 진화할 수 있을 것이다. 외계 행성들 중에는 진화 초기에 머물러 있는 생명체들이 살고 있는 곳도 있겠지만, 우리보다 더 발달된 고도의 지성을 소유한 생명체들이 지구 문명보다 훨씬 앞선 과학 기술과 문화를 꽃 피우고 있는 곳도 있을 것이다.

사람들 중에는 생명체가 존재하는 데 필요한 모든 조건을 갖추고 있는 지구를 놀라운 장소라고 감탄하는 사람들이 있다. 그러나 그것은 원인과 결과를 뒤바꾼 생각이다. 지구가 지구 생명체들에게 적합한 장소여서 지구 생명체들이 존재하는 것이 아니라 지구 생명체들이 지구 환경에 맞게 진화했기 때문에 지구 환경이 지구 생명체들에게 가장 적합한 것이다. 따라서 지구와 다른 환경을 가지고 있는 행성에는 그 환경에 맞도록 진화한 생명체들이 살고 있을 것이고, 그들에게는 그 행성의 환경이 가장 적합한 환경일 것이다.

지구상의 모든 생명체들은 밀접하게 연결되어 있다. 지구상의 모든 생명체들은 똑같은 분자들로 이루어진 유전자를 가지고 있으며, 똑같은 유기 화학 반응을 이용하여 살아가고 있다. 따라서 지구 생명체를 이해하는 데는 한 가지 생명체를 조사하는 것만으로도 충분하다. 지구 생명체가 들려주는 음악의 핵심 주제는 변이와 자연선택이다.

일본 해안에는 사무라이 얼굴처럼 보이는 등딱지를 가진 게들이 많다. 일본 어부들은 1185년에 있었던 단노우라 해전에서 죽은 무사들이 게로 변해 아직도 바다 속을 헤매고 다닌다고 믿고 있다. 그런 믿음으로 인해 어부들은 다른 게들을 잡아먹고 사무라이 게들은 놓아주었다. 따라서 사무라이 게들의 개체수가 늘어나게 되었다. 어부들이 사무라이의 얼굴 모양을 하고 있는 게를 잡아먹지 않음으로써 게의 진화 방향을 바꾸어 놓은 것이다. 그것은 게들의 의지와는 무관한 것이었다.

이런 과정을 자연선택 또는 인위선택이라고 부른다. 우리가 재배하는 농산물이 우리의 입맛에 맞는 농산물이 될 수 있었던 것도 모두 인위선택의 결과이다. 인위선택을 자연선택과 구별하는 것은 우리에게 인간을 자연과 구별된 존재라고 보는 생각이 남아 있기 때문이다. 인간도 자연의 일부라고 보면 인위선택과 자연선택을 구별할 필요가 없다. 오늘날 지구에서 발견되는 생명체를 만든 것은 자연선택이었다.

생명체가 오랜 시간에 걸쳐 큰 변화를 겪어 왔다는 것은 화석을 통해 알 수 있다. 지구 역사에서 인류가 지구의 주인으로 군림하기 시작한 것이 최근의 일이다. 인류가 목축과 농경을 시작한 이래 우리가 기르거나 재배하는 동물과 식물은 큰 변화를 겪었다. 이것은 생명체의 진화가 실제로 일어난 사실이며, 그것도 매우 빠른 속도로 진행되고 있음을 알려 준다. 화석을 통해 알 수 있는 지구 역사에는 한때는 번성했지만 지금을 찾아볼 수 없는 생명체들이 많이 있다. 어쩌면 현재 존재하는 생명체들의 종들보다 더 많은 종들이 변해가는 지구 환경에 적응하지 못하고 사라져 갔을 것이다.

영국의 찰스 다윈은 자연선택이 진화의 원동력이라고 설명했다. 생명체들은 자신과 조금씩 다른 자손을 만들어 내는 특성을 가지고 있다. 조금씩 다른 형질을 가진 자손들 중에서 환경에 더 잘 적응할 수 있는 자손이 살아남을 가능성이 크다. 따라서 그런 자손이 더 많은 자손을 남기게 되어 선택적으로 번성하게 된다. 부모와 많이 다른 형질을 가진 자손이 태어나는 것을 돌연변이라고 한다. 돌연변이는 환경에 적응할 개체를 선택할 수 있는 더 많은 기회를 제공해 진화에서 중요한 역할을 한다.

그러나 많은 사람들이 진화론과 자연선택이론을 받아들이지 않고 있다. 그런 사람들은 생명체가 생명 현상을 유지하고, 자손을 생산하기 위한 정교한 구조와 기능을 가지고 있는 것을 위대한 지적 설계자가 존재한다는 증거라고 주장하고 있다. 원자나 분자들이 우연히 결합하여 정교한 기능을 가진 생명체로 진화하는 것은 가능한 일이 아니라는 것이다. 모든 생명체 종들이 고유한 설계대로 만들어졌고, 한 종의 생명체가 다른 종으로 변하지 않는다는 것은 제한된 역사 기록만 접할 수 있었던 우리 조상들에게는 그들이 알고 있던 사실과 잘 들어맞는 것 같았다. 위대한 설계자가 모든 생명체를 만들었다는 생각은 자연 현상과 인간 존재에 의미를 부여했기 때문에 많은 사람들이 받아들였다. 그러나 지적 설계자가 존재한다는 주장보다는 다윈과 월리스가 제안한 자연선택이론이 훨씬 설득력 있게 생명체와 생명 현상을 설명할 수 있다.

화석기록이 지적 설계자가 존재한다는 증거라고 주장하는 사람들도 있다. 지적 설계자가 마음에 들지 않는 종을 버리고 새로운 종을 설계해서 만들었다고 보면 화석으로만 발견되는 멸종된 생명체들의 존재를 쉽게 설명할 수 있다는 것이다. 그러나 이런 설명은 우리를 매우 혼란스럽게 만든다. 그런 설명은 식물과 동물을 만든 지적 설계자가 수없이 많은 시행착오를 거쳤음을 의미하기 때문이다. 화석들이 설계자가 폐기한 생명체들의 흔적이라면 그것은 지적 설계자가 가지고 있는 능력의 한계를 보여 줄 뿐이다. 이런 능력의 한계는 많은 사람들이 생각하는 전지전능한 지적 설계자의 모습과는 다른 모습이다.

진화의 비밀은 죽음과 시간에 있다. 환경에 적응하지 못해 도태당한 많은 생명체들의 죽음과 생명체들에 나타난 작은 변이들이 축적되어 새로운 종이 탄생하기까지 걸린 긴 시간이 진화를 가능하게 했다. 다윈이 비난받아야 했던 이유 중 일부는 진화에 소요된 긴 시간을 상상할 수 없었던 인간의 속성에서 비롯된 것이었다. 100년밖에 살지 못하는 인간에게 수천만 년이나 수억 년이 무슨 의미를 가질 수 있을까? 하물며 지구상에 나타난 최초의 생명체가 오늘날의 생명체로 진화하는 데 걸린 40억 년의 시간을 어떻게 상상할 수 있을까? 진화는 상상할 수 없을 정도로 긴 시간과 환경에 적응하지 못하고 사라져 간 수없이 많은 생명체들의 죽음을 바탕으로 하고 있다.

지구에서 일어난 진화의 역사가 우주의 다른 장소에서도 일어날 수 있는 전형적인 진화의 패턴일 수도 있다. 그러나 단백질이나 DNA 분자와 관련된 화학 반응과 뇌에서 이루어지고 있는 신경학적 현상들은 우주의 다른 곳에서는 발견할 수 없는 지구 생명체들의 고유한 특성일 가능성이 더 크다. 지구에 생명체가 처음 나타난 것은 약 40억 년 전이라고 알려져 있다. 40억 년 전에 자기 복제가 가능한 분자들이 나타났다. 시간이 지남에 따라 더 높은 복제 기능을 가진 분자가 나타났고, 이런 분자들이 특정 기능을 수행할 수 있는 분자들과 결합해 최초의 세포가 만들어졌을 것이다. 수많은 시행착오 과정을 통해 한때는 독립된 세포로 존재하던 엽록체와 미토콘드리아를 세포내 기관으로 받아들인 세포도 등장했다.

약 30억 년 전에 두 개 이상의 세포로 이루어진 다세포 생명체가 등장했다. 생명체를 이루고 있는 세포 하나하나는 공동의 이익을 위해 공동체를 이루고 있는 생활 공동체라고 할 수 있다. 사람은 약 100조 개의 세포로 이루어져 있다. 생명체에 성의 분화가 생긴 것은 약 20억 년 전쯤이었다. 무성 생식으로는 부모와 똑같은 형질을 가진 자손만 나타날 수 있다. 따라서 무성 생식을 하는 동안에는 돌연변이가 부모와 다른 자손을 만들어 내는 유일한 방법이었을 것이다. 그러나 유성 생식을 하면서 부모와 조금씩 다른 형질을 가진 다양한 자손을 만들어 낼 수 있게 되었고, 이는 자연에게 더 많은 선택 기회를 주어 빠른 속도로 진화가 이루어질 수 있었다.

그리고 20억 년 전쯤부터 햇빛의 에너지를 이용해 물을 분해하여 수소는 유기물을 만드는 데 사용하고 산소 기체를 대기 중으로 방출하는 생명체가 나타났다. 따라서 산소가 대기의 주요 성분으로 자리 잡게 되었고, 생명체들은 산소가 있는 환경에 적응하기 위해 사투를 벌여야 했다. 산소가 있는 환경에 적응하지 못했던 많은 생명체들은 사라져 갔다. 현재 지구에 존재하는 생명체들은 산소가 있는 새로운 환경에 적응하는 데 성공한 생명체들의 후손들이다.

지구 생명체들은 변이를 통해 다양한 자손을 만들어 냈고, 자연은 그 자손들 중에서 지구 환경에 가장 잘 적응할 수 있는 개체를 선택해 왔다. 그러나 변이가 너무 크게 일어나면 지구 역사를 통해 쌓아 올린 진화의 탑이 무너지고, 변이의 빈도가 너무 낮으면 자연선택이 작동할 대상이 한정되기 때문에 새로운 환경 변화에 적응할 새로운 종의 탄생이 불가능해진다. 생명체의 진화는 변이와 자연선택이 정교하게 어울리면서 만들어 내는 음악이다. 생명 현상이 보여 주는 분자 수준의 동질성으로부터 우리는 지구 생명체가 모두 하나의 기원에서 비롯됐음을 알 수 있다.

생명체의 진화에는 자연 환경의 변화와 수많은 우연한 사건들이 개입되어 있다. 따라서 은하의 다른 세상에 존재하는 생명체가 지구 생명체들과 같은 진화 과정을 겪을 가능성은 매우 적다. 외계 생명체들도 우주에 흔하게 존재하는 원자나 분자로 이루어졌을 가능성은 크지만 진화의 결과는 크게 다를 것이다. 따라서 지구와 다른 환경을 가진 행성에는 우리와는 전혀 다른 방법으로 살아가는 생명체들이 주어진 환경에 적응하면서 살아가고 있을 것이다.

목성과 같은 거대 행성의 대기 중에는 대기의 아래층을 향해 서서히 낙하하면서 살아가는 싱커나 대기에 떠다니면서 살아가는 플로터와 같은 생명체들이 살고 있을지도 모른다. 대기의 아래층으로 낙하하는 싱커들은 대기 아래층으로 떨어져 높은 기압에 의해 파괴되기 전에 자손을 남기는 방법을 발전시켰을 것이고, 대기 중을 떠다니는 플로터는 풍선과 같은 거대한 몸체로 대기 중을 이동하면서 살아가는 방법을 터득했을 것이다.

그리고 싱커와 플로터를 잡아먹고 사는 헌터와 같은 생명체들이 살고 있을 가능성도 있다. 싱커들 중에서 비교적 텅 빈 구조를 가지고 있는 것들이 먼저 플로터로 진화하고, 그중에서 스스로 움직일 수 있는 것들이 헌터로 진화했을 수도 있다. 물리학과 화학의 법칙들은 이런 형태의 생명체가 존재하는 것을 막지 않는다.

은하의 수많은 별 중에는 우리가 상상할 수 있는 것보다 더 다양한 형태의 생명체가 살아가고 있을 것이다. 외계 생명체를 찾아내는 것은 우주 탐사의 궁극적인 목표 중 하나이다. 외계 생명체가 우주와 우리 자신을 더 잘 이해할 수 있게 해 줄 것이기 때문이다.

우리는 지금까지 지구라는 작은 세상에 살고 있는 생명체가 들려주는 음악만 들어왔다. 우주를 가득 채우고 있는 생명체들이 연주하는 푸가의 한 성부만을 들어온 셈이다. 이제 저 웅장한 우주 생명체가 들려주는 푸가의 남은 성부에 귀를 기울여 보자.

3. 지상과 천상의 하모니

아무런 변화가 없는 세상에 살고 있다면 생각할 것이 아무것도 없기 때문에 과학이 존재하지 않을 것이다. 반대로 아무것도 예측할 수 없을 정도로 변화가 많은 세상에서는 생각해 봤자 아무것도 예측할 수 없기 때문에 과학이 존재하지 않을 것이다. 우리가 사는 세상은 이런 두 세상의 중간이다. 자연 현상은 자연법칙이라고 부르는 일정한 패턴이나 규칙에 따라 일어난다. 따라서 과학 연구를 통해 자연 현상의 설명 체계를 발전시킬 수 있다. 인류는 오래전부터 계절에 따른 별자리의 변화, 긴 꼬리를 달고 땅으로 떨어지는 유성, 달이 차고 기우는 것, 그리고 해가 뜨고 지는 현상을 관찰하고, 이를 통해 우주에 존재하는 규칙을 알아내려고 노력해 왔다.

태양과 달처럼 별들도 매일 동쪽에서 떠서 서쪽으로 진다. 그러나 매일 같은 시간에 같은 별자리가 뜨는 것이 아니라 조금씩 별자리가 뜨는 시간이 달라진다. 계절마다 밤에 보이는 별자리가 다른 것은 이 때문이다. 하지만 별자리 모양이나 별자리가 뜨는 순서는 달라지지 않는다. 오랫동안 별자리가 뜨는 시간을 관찰하면 별자리가 뜨는 시간과 계절 사이의 관계를 알아낼 수 있다. 별자리는 하늘에 걸려 있는 달력이다. 별들의 움직임에 관심을 가지고 있는 사람들은 별자리 달력을 이용해 계절과 날짜를 알아내고 언제 무슨 일을 해야 하는지를 결정할 수 있었다.

뉴멕시코주 차코 협곡에 있는 11세기에 만들어진 지붕 없는 거대한 의식용 사원인 키바에는 하짓날 새벽에 햇빛이 특정한 구역을 비춘다. 아나사지족들은 하지가 되면 깃털과 방울과 터키옥으로 단장하고 사원에 와서 태양의 권능을 찬양했다. 이들은 달의 운동도 면밀하게 관측했다. 태양을 찬양하기 위해 만들어진 건축물들이나 풍속들은 세계 곳곳에서 찾아볼 수 있다.

사람들이 태양과 달의 운동과 계절의 변화를 파악하려고 한 것은 그것이 살아가는 데 필요했기 때문이었다.

목축과 경작으로 생활을 하던 사람들에게는 하늘의 달력을 읽어 내 계절과 날짜를 알아내는 일이 매우 중요한 일이었다. 그것은 언제 사냥을 시작해야 하는지, 그리고 언제 씨를 뿌리고, 거둬들여야 하는지를 결정하는 일이었고, 공동체 구성원들이 함께 모여 행사를 갖는 날을 정하는 일이기도 했다. 세대가 바뀔 때마다 사람들은 조상들로부터 천체들의 운동을 측정하는 방법에 대해 더 많은 것을 배웠다. 측정의 정확도가 향상됨에 따라 기록을 보존하는 일이 점점 더 중요해졌을 것이다. 따라서 점점 정교해진 천문학 관측은 수학과 문자의 발달로 이어졌다.

그러나 시간이 흐르면서 천체 현상들이 신비주의나 미신과 결합하게 되었다. 해와 별은 계절, 식량, 기후를 다스리고, 달은 바다의 조석현상과 생활 주기를 다스린다고 생각했으며, 별자리 사이를 옮겨 다니는 5개의 행성들은 개인이나 국가의 운명을 나타내는 것으로 여겨지기 시작했다. 이렇게 시작된 점성술은 국가나 개인의 삶에 큰 영향을 주었다. 점성술에 의하면 사람의 운명은 그가 태어날 때 태양이 있었던 별자리에 의해 결정된다. 태양과 행성들의 움직임은 나라와 왕조의 운명도 결정한다고 생각했다.

점성술사들은 금성이 염소자리에 있었을 때 일어난 일들의 기록을 바탕으로 다음번 금성이 염소자리에 왔을 때 무슨 일이 일어날지를 예측했다. 점성술사들의 예언을 믿는 사람들이 많아지면서 점성술사들은 하늘의 비밀을 알고 있는 중요하면서도 위험한 사람으로 취급되었다. 따라서 많은 나라에서는 점성술사들을 국가의 관리하에 두고 아무나 국가나 왕조의 미래를 예측하지 못하도록 했다. 점성술사들의 예측이 틀리는 경우에는 목숨을 잃는 경우도 있었다.

과학과 천문학이 크게 발전한 오늘날에는 국가 단위의 점성술은 사라졌지만 개인들의 생활에서는 점성술이 아직도 많은 영향을 끼치고 있다. 현대에도 점성술과 관련된 잡지는 쉽게 살 수 있지만 천문학 관련 잡지를 찾는 것은 쉽지 않다. 대부분의 신문이 점성술 칼럼을 연재하지만, 천문학 칼럼을 한 주에 한 번 이상 연재하는 신문은 찾아보기 힘들다. 현재 미국에는 점성술사가 천문학자보다 10배 더 많다. 많은 나라의 국기에 별이나 별을 상징하는 상징물이 들어 있는 것은 별이 우리 생활과 밀접한 관련이 있다는 것을 잘 나타낸다.

그런데 알고 보면 별은 우리가 생각하는 것보다 우리와 더 단단한 연결 고리를 가지고 있다. 수많은 생명체들의 고향인 지구의 탄생과 진화, 그리고 인류의 등장과 진화는 모두 우주의 진화 과정과 긴밀한 관계를 가지고 있기 때문이다. 천문학자들은 지구와 인간, 그리고 우주 사이의 관계를 과학적으로 밝혀내기 위해 노력하고 있다.

알렉산드리아 시대에 지구중심설을 만든 프톨레마이오스는 점성술사이며 과학자였다. 오늘날에는 천문학자와 점성술사가 뚜렷이 구별되어 있어, 점성술사들은 천문학에 대해 관심도 없고, 알지도 못한다. 그러나 점성술사였던 프톨레마이오스는 이심원 운동과 주전원 운동을 결합해 행성들의 복잡한 운동을 매우 성공적으로 설명해 낸 수학적 천문체계를 만들었다.

프톨레마이오스 시대에는 모든 천체들이 우주 중심에 정지해 있는 지구 주위를 돌고 있다는 생각이 매우 자연스러운 생각이었다. 따라서 지구중심설을 만든 것은 당연한 일이었다. 그러나 행성들이 지구 주위를 돌고 있다고 해서는 화성이나 목성과 같은 행성들이 앞으로 가다가 뒤로 가고, 다시 앞으로 가는 이상한 운동을 설명할 수 없었다. 행성들이 이러한 운동을 한다는 것은 프톨레마이오스 이전부터 잘 알려져 있었다. 프톨레마이오스는 천체의 운동을 설명할 수 있는 모형을 만들어 실제로 어떤 운동이 일어나는지를 알아내려고 했다. 지구를 중심으로 한 하나의 원운동만으로는 행성들의 운동을 설명할 수 없다는 것을 알게 된 천문학자들은 여러 개의 원운동을 조합해 설명하려고 시도했다.

프톨레마이오스가 제안했던 지구중심설 대신에 행성들의 운동을 좀 더 간단하게 설명할 수 있는 태양중심설을 제안한 사람은 폴란드의 니콜라스 코페르니쿠스였다. 지구를 포함한 행성들이 태양 주위를 돌고 있다고 주장한 그는 행성들의 이상한 운동은 더 빠르게 태양을 돌고 있는 지구에서 느리게 태양을 돌고 있는 외행성들을 보았을 때 나타나는 겉보기 운동일 뿐이라고 설명했다.

그러나 처음에는 코페르니쿠스의 태양중심설을 받아들이는 사람들이 별로 없었다. 망원경으로 천체들의 운동을 관찰한 갈릴레오 갈릴레이가 코페르니쿠스의 주장대로 지구가 실제로 태양을 돌고 있다는 주장을 하자 지구가 우주의 중심이라고 굳게 믿고 있던 교회는 그를 종교재판에 회부했다. 교회는 1616년에 코페르니쿠스의 『천체 회전에 관하여』를 금서목록에 올렸고, 1835년이 되어서야 이를 해제하였다.

태양중심설을 받아들이도록 하는 데 가장 중요한 역할을 한 사람은 독일의 요하네스 케플러였다. 케플러 시대에는 지구를 포함하여 여섯 개의 행성만 알려져 있었다. 그는 왜 행성들의 수가 여섯 개인지에 대해 고민했다. 그리고 행성들이 코페르니쿠스가 관측한 거리에서 태양을 돌고 있는 이유를 알아내려고 했다. 그는 행성들 사이의 거리와 행성들의 수가 정다면체의 수학적 특성과 관련이 있을 것이라고 생각했다.

정다면체에는 다섯 가지가 있다. 그리고 그 당시 알려져 있던 행성은 지구를 포함해 여섯 개였다. 케플러는 정다면체의 수와 행성의 수 사이에 모종의 연관이 있을 것이라고 생각하고 이를 우주의 신비라고 불렀다. 그는 하나의 정다면체 안에 다른 정다면체들을 차례로 내접시키는 방식으로 다섯 개의 정다면체들을 배열한 후 각 정다면체에 외접하는 구와 내접하는 구들을 이용하면 행성의 수와 행성들 사이의 거리를 설명할 수 있다고 주장했다.

덴마크의 우라니보르그 천문대에서 오랫동안 수집해 온 정확한 관측 자료를 가지고 있던 튀코 브라헤를 만나 함께 행성들의 궤도를 결정하기 위한 연구를 했던 케플러는 브라헤가 죽은 후 그의 관측 자료를 이용해 행성의 궤도를 본격적으로 연구하기 시작했다. 그는 천체는 일정한 속력으로 원운동을 해야 한다는 고대의 가설을 바탕으로 화성의 궤도를 결정하는 일을 시작했다.

그러나 아무리 해도 브라헤의 관측 자료는 일정한 속력으로도는 원운동 궤도와 맞아 떨어지지 않았다. 처음에는 일주일이면 화성의 궤도를 결정할 수 있을 것으로 생각했지만 3년 이상이나 관측 자료와 씨름을 하고도 화성의 궤도를 결정하지 못했다. 그러자 케플러는 일생일대의 결단을 내렸다. 천체는 완전한 운동인 등속 원운동을 해야 한다는 가설을 버리기로 한 것이다.

그렇게 해서 태양을 한 초점으로 하는 화성의 타원 궤도가 결정되었고, 화성의 속력이 태양에 가까워지면 빨라지고, 멀어지면 느려지는 운동을 한다는 것이 밝혀졌다. 케플러는 화성의 이런 운동은 태양계 모든 행성들에게 적용되는 일반적인 운동이라는 것을 알게 되었다. 이것이 행성운동에 관한 1법칙과 2법칙이다.

행성 운동의 1법칙과 2법칙을 알아낸 후, 행성의 공전 주기와 태양에서 행성까지의 거리 사이의 관계를 밝혀내기 위해 연구를 시작한 케플러는 주기의 제곱이 행성까지의 거리의 세제곱에 비례한다는 행성 운동의 세 번째 법칙을 알아냈다. 케플러가 발견한 행성 운동에 관한 세 가지 법칙은 브라헤의 관측 자료를 분석해서 알아낸 경험 법칙이었다.

케플러는 행성 운동의 법칙을 알아낸 것에 만족하지 않고 더 근본적인 행성 운동의 원인을 규명하려고 노력했다. 행성들이 태양에 가까이 가면 속력이 빨라지고 멀어지면 속력이 느려진다는 것은 태양이 행성에게 어떤 방법으로든 영향을 미치고 있음을 뜻했다. 케플러는 접촉하지 않고도 작용하는 자기력과 유사한 힘이 태양과 행성들 사이에 작용하는 것이 아닌가 하는 생각을 했다. 그는 천체들 사이에 작용하는 중력을 예감했던 것이다.

케플러는 지구에 적용되는 물리법칙이 천체들에게도 똑같이 적용된다는 생각을 했고, 이로 인해 천체 운동을 설명하는 데 더 이상 신비주의에 의존하지 않아도 되었다. 케플러의 발견으로 지구는 우주의 중심 자리를 태양에게 내주고 변두리로 물러나야 했다. 과학적 점성술사로 시작한 케플러는 천문학을 물리학의 일부로 만든 최초의 천체물리학자가 되었다.

케플러는 미래의 하늘에는 천상의 바람을 탈 수 있는 돛단배들이 날아다니고 우주 공간은 우주를 두려워하지 않는 탐험가들로 가득할 것이라고 했다. 오늘날 우주를 여행하고 있는 탐사선들은 모두 케플러가 발견한 행성 운동의 법칙을 이용하고 있다.

케플러는 행성의 움직임을 이해하고 천상 세계의 조화를 밝히는 일에 일생을 바쳤다. 그의 이런 목표는 케플러가 죽고 36년이 지나서야 아이작 뉴턴이 발견한 운동 법칙과 중력 법칙으로 결실을 보게 되었다. 체중 미달의 미숙아로 태어나 일생 동안 병약했고, 남들과 자주 다투는 까칠한 성격을 가지고 있었으며, 일생 동안 독신으로 살았던 뉴턴은 인류 역사상 최고의 과학자 중 한 사람이었다.

케플러와 마찬가지로 뉴턴도 그 시대를 풍미하던 신비주의

와도 자주 접촉했다. 그는 1666년 영국에 흑사병이 돌아 고향에 내려가 있던 1년 동안에 미분과 적분법을 발견했고, 운동 법칙과 중력의 법칙을 알아냈다. 따라서 이해를 뉴턴의 기적의 해라고 부른다. 뉴턴은 운동 법칙과 중력 법칙을 이용하여 케플러가 알아낸 행성 운동 법칙을 역학적으로 증명할 수 있었다. 케플러와 뉴턴은 행성들의 운동을 정확하게 분석하여 우주를 이해하는 새로운 방법의 기초를 다졌다.

동료 과학자들과 과학적 업적의 우선권을 놓고 격렬한 논쟁을 벌이기도 했던 뉴턴이었지만 장엄한 우주 앞에서는 겸손할 줄도 알았다. 죽기 전에 그는 다음과 같은 글을 남겼다.

"세상이 나를 어떤 눈으로 볼지 모른다. 그러나 내 눈에 비친 나는 어린아이와 같다. 나는 바닷가 모래밭에서 더 매끈하게 닦인 조약돌이나 더 예쁜 조개껍데기를 찾아내 가지고 놀지만 거대한 진리의 바다는 온전한 미지로 내 앞에 그대로 펼쳐져 있다."

4. 천국과 지옥

지구는 사랑스러울 정도로 아름다울 뿐만 아니라 우리 마음이 고요해질 정도로 평화로운 곳이기도 하다. 지구에서는 모든 변화가 천천히 일어난다. 그러나 오랜 기간의 역사를 통해 지구가 겪었던 자연 재해의 흔적들이 여기저기 남아 있다. 얼마나 긴 시간 척도로 보느냐에 따라 평온과 고요의 지구가 격동과 소란의 지구로 보일 수도 있다. 100년이라는 짧은 기간 동안에는 일어날 가능성이 거의 없는 사건이지만 100만 년이라는 긴 세월 동안에는 일어날 확률이 아주 큰 사건이 될 수 있기 때문이다.

1908년 6월 30일 이른 아침 중앙 시베리아의 한 오지에서 거대한 불덩이가 하늘을 가로질러 날아가는 것이 목격되었다. 그것이 지상에 충돌하는 순간 엄청난 폭발음과 함께 2000제곱킬로미터의 숲이 파괴되었고, 이때 발생한 충격파가 지구를 두 바퀴 돌았다. 폭발이 있은 후 이틀 동안 하늘에 떠다니는 미세한 먼지들이 빛을 산란시켜 폭발 지점으로부터 1만 킬로미터 떨어진 런던에서도 한밤중에 책을 읽을 수 있을 정도로 하늘이 밝았다. 이 사건을 사람들은 '퉁구스카 사건'이라고 부른다.

그러나 사람이 많이 살고 있지 않던 오지에서 일어난 사건이고, 러시아 정국이 혼란했던 시기여서, 이 사건은 사람들의 관심을 끌지 못했다. 러시아 정부는 러시아혁명이 일어나고 10년이 지난 다음에야 이 사건을 조사하기 위한 조사단을 파견했다. 어마어마한 규모의 폭발이 있었고, 그 폭발이 지구에 거대한 충격파를 일으켰으며, 넓은 산림이 파괴되었지만, 충돌의 흔적은 발견되지 않았다.

어떤 학자들은 이 사건의 원인을 물질과 반물질의 소멸 현상에서 찾으려고 했고, 또 다른 이들은 미니 블랙홀이 시베리아에서 지구 반대편으로 빠져 나가면서 발생한 사건이라고 주장하기도 했다. 그런가 하면 우리보다 앞선 문명이 보낸 우주선이 추락하면서 발생한 사고라고 주장하는 사람도 있었다. 그러나 이런 제안들을 뒷받침할 만한 증거가 발견되지는 않았다. 현재 이 사건은 1908년 나타났던 엔케 혜성에서 떨어져 나온 부스러기가 지구와 충돌한 사건이라고 결론지어졌다.

인류는 혜성을 불길한 일을 예고하는 전령이라고 생각했다. 프톨레마이오스는 혜성이 전쟁, 가뭄, 그리고 불안한 기운을 가지고 온다고 주장했다. 그런가 하면 아리스토텔레스를 중심으로 한 고대 철학자들은 혜성이 지구 대기 안에서 일어나는 현상이라고 생각했다.

그러나 뉴턴은 브라헤와 케플러의 견해를 받아들여 혜성이 달보다는 멀지만 토성보다는 가까운 곳에서 일어나는 현상이라고 주장하고, 혜성이 밝게 보이는 것은 행성과 마찬가지로 태양 빛을 받아 반사하기 때문이라고 설명했다. 뉴턴이 혜성을 둘러싼 미신들을 걷어내자, 그의 친구 에드먼드 핼리가 1707년에 핼리혜성의 주기가 76년이라는 것을 밝혀내고, 이 혜성이 1758년에 다시 돌아올 것이라고 예측했다. 이 혜성은 핼리가 예측한 해에 다시 나타났다. 따라서 이 혜성을 핼리혜성이라고 부르게 되었다.

혜성은 주로 얼음으로 이루어져 있다. 혜성을 이루고 있는 얼음은 물이 언 얼음뿐만 아니라 메탄이나 암모니아가 언 얼음이 혼합된 얼음이다. 이러한 얼음에 미세한 암석 성분의 먼지들이 섞여서 혜성의 핵을 형성하고 있다. 혜성에서 떨어져 나온 혜성의 잔해나 부스러기가 지구 대기와 충돌하면 거대한 눈부신 불덩이가 보이고, 강력한 충격파를 발생시킨다.

그러나 혜성에서 떨어져 나온 얼음이 대기를 통과하면서 다 녹아버리기 때문에 지상에 도달하지 않아 지표면에 충돌구가 생기지 않는다. 지상에서 발견할 수 있는 것은 혜성의 핵에서 떨어져 나온 고체 알갱이들뿐이다. 퉁구스카 대폭발 현장 부근에서 많은 작은 다이아몬드 조각들이 발견되었다. 이런 종류의 다이아몬드는 운석에서도 발견된다.

현대의 행성 과학자들은 혜성의 충돌이 행성의 대기 조성에도 큰 영향을 끼쳤다고 믿고 있다. 오늘날 화성 대기에 포함되어 있는 물은 혜성 하나가 화성 대기와 충돌했다고 하면 설명할 수 있는 정도의 양이다. 뉴턴은 지구의 바다를 이루고 있는 물은 지구에 충돌한 혜성이 가져온 물이라고 믿었다. 그는 지구에 생명체가 살 수 있는 것도 혜성을 이루고 있던 물질이 지구에 떨어지기 때문이라고 했다.

영국의 천문학자 윌리엄 허긴스는 1868년에 혜성 스펙트럼 중 일부가 천연가스나 에틸렌 계열 기체의 스펙트럼과 유사하다는 것을 밝혀냈다. 허긴스는 혜성에서 유기물을 발견하고, 혜성의 꼬리에서 청산가리와 같은 시안화물을 구성하는 CN 분자를 발견하기도 했다. 이로 인해 1910년 지구가 핼리혜성의 꼬리 부분을 지나갈 때 혜성의 독가스가 지구 생명체에게 큰 피해를 입힐지도 모른다는 염려로 지구에 큰 소동이 일어나기도 했다.

행성들을 태양 주위를 거의 원에 가까운 타원 궤도를 따라 돌고 있지만 혜성은 길게 늘어진 타원 궤도를 따라 태양을 돌고 있다. 태양계 형성 초기에는 행성들 중에도 길게 늘어진 타원 궤도를 따라 태양을 도는 것들도 있었을 것이다. 그런 행성들은 다른 행성들과 충돌을 통해 다른 행성에 흡수되었거나 우주 공간으로 날아가 버렸을 것이다. 현재 남아 있는 행성들은 서로의 궤도를 침범하지 않는 원에 가까운 안정된 타원 궤도를 따라 태양을 돌고 있는 행성들뿐이다.

그러나 혜성은 지금도 태양계 바깥쪽에 있는 오르트 구름이라고 불리는 곳에서 만들어지고 있다. 대부분의 혜성들은 명왕성 안쪽으로 들어오는 일이 없지만 태양계 외곽을 지나는 별의 중력이 작용하여 태양 가까이 다가오는 길게 늘어진 타원 궤도를 따라 태양 궤도를 도는 혜성이 생긴다.

혜성이 목성과 화성의 중간 되는 지점까지 다가오면 태양열을 받아 증발하기 시작하고, 태양풍의 영향으로 혜성에서 증발한 기체와 먼지가 태양의 반대편으로 길게 늘어지게 된다. 혜성의 크기는 아주 작지만 꼬리의 길이는 행성과 행성 사이의 거리보다 긴 경우도 있다. 혜성들은 태양을 도는 동안 수많은 부스러기들을 공간에 뿌려 놓는다. 지구가 혜성의 궤도를 통과하게 되면 이 부스러기들이 대기와 충돌하면서 수많은 유성을 만들어내는데 지구가 달리는 방향에서 유성이 쏟아지는 것처럼 보인다. 계절에 따라 지구가 달리는 방향이 달라지므로 매년 같은 시기에 같은 별자리에서 유성이 쏟아지는 것으로 관측된다. 이것은 유성우라고 부른다.

작은 혜성 조각이 달이나 행성에 충돌할 때는 지상에 흔적이 남지 않지만 부스러기의 크기가 크거나 주성분이 얼음이 아니라 암석이라면 운석공이라고 불리는 거대한 구덩이가 만들어진다. 지구에서는 풍화작용에 의해 운석공이 사라지지만 달과 같이 대기가 없는 곳에서는 운석공이 수백만 년 이상 그대로 남아 있게 된다.

그러나 운석공이 큰 경우에는 지구에서도 오랫동안 남아 있다. 미국 애리조나 주에 있는 지름 1.2킬로미터의 운석공은 1만 5,000년과 4만 년 전 사이에 지름이 25미터 정도 되는 운석이 초속 15킬로미터의 속력으로 충돌하여 만들어진 운석공이다. 운석공은 달이나 지구뿐만 아니라 수성, 금성, 화성과 같은 암석으로 이루어진 행성들이나 행성들을 돌고 있는 위성들에서도 발견되며, 소행성 위에서도 발견된다.

그러나 기체로 이루어진 거대한 목성형 행성들에는 혜성이 충돌한다고 해도 잠시 구름에 흔적이 생겼다가 없어지고 말 것이다. 기체 행성을 돌고 있는 암석으로 이루어진 위성들에서는 많은 운석공들을 발견할 수 있다.

자주 있는 일은 아니지만 지구에는 지금도 커다란 운석이 충돌하고 있다. 그러나 운석이 지구에만 떨어지는 것이 아니다. 1178년 6월 25일 저녁에 영국 켄터베리에서 5명의 수도사들이 달에서 불꽃이 피어오르는 것을 관측했다. 천문학자들은 계산을 통해 달에 소형 천체가 충돌할 때 표면에 피어오르는 흙먼지 구름 모습이 켄터베리 수도사들이 관측한 것과 같이 불꽃처럼 보일 것임을 예측했다.

운석학자 잭 하르퉁은 달 표면에서 발견된 브루노 크레이터가 켄터베리 수도사들의 설명과 일치하는 지점이라고 주장했고, 운석 충돌로 생긴 달의 진동을 측정한 천문학자들 중에는 브루노 크레이터가 1,000년 이내에 만들어졌다고 주장하는 사람들도 있다. 최종적으로 사실로 확인된 것은 아니지만, 이런 주장들은 지구를 포함하고 있는 우주는 평온한 곳이라기보다는 많은 일들이 벌어지고 있는 역동적인 곳이라는 것을 잘 보여 주고 있다.

행성이나 위성들은 여러 가지 원인으로 인해 표면 상태가 계속 변하고 있다. 표면을 변화시키는 요인 중에는 우주에서 날아오는 물체의 충돌과 같이 외부 원인에 의한 것도 있고, 지진이나 화산 폭발, 또는 침식작용과 같이 내부 원인에 의한 것도 있다. 어떤 사건들은 짧은 시간 동안에 격렬한 형태로 일어나고, 어떤 사건은 오랜 시간을 두고 아주 천천히 진행된다. 달에서는 외부 요인에 의한 격렬한 변화가 주로 일어나는 반면, 지구에서는 화산 폭발이나 지진과 같은 내부적 요인에 의한 격렬한 변화와 대륙의 이동과 같이 느리게 일어나는 변화가 표면을 변화시키고 있다.

금성은 질량, 크기, 밀도가 지구와 가장 비슷하다. 사람들은 오랫동안 지구보다 태양에 조금 더 가까이 있는 금성은 지구보다 약간 더 따뜻할 것이라고 생각했다. 망원경으로 금성을 처음 관측한 사람은 갈릴레이였다. 1609년에 갈릴레이가 망원경으로 관측한 금성은 아무런 구조물이 없는 밋밋한 원반이었다. 그 후 금성을 관측한 사람들은 금성이 짙은 구름으로 뒤덮여 있다는 것을 알아냈다. 과학자들은 금성이 짙은 구름으로 뒤덮여 있는 것은 금성에 물이 많고, 따라서 늪지가 많기 때문이라고 생각했다. 그러나 금성의 대기에서 수증기의 흡수선이 발견되지 않았다. 그러자 금성 표면이 건조한 사막으로 이루어져 있고, 규산염 성분을 포함한 미세한 먼지가 하늘을 낮게 떠다닐 것이라고 예측했다.

이후의 연구를 통해 금성 대기에 이산화탄소가 많이 포함되어 있다는 것을 알게 되었다. 과학자들은 금성의 모든 수분이 탄화수소와 결합하여 이산화탄소를 형성했기 때문이라고 추정했다. 그렇다면 금성 표면은 거대한 유전, 또는 석유의 바다여야 했다. 어떤 이들은 대기가 너무 차가워서 수증기가 모두 물방울을 이루고 있기 때문에 수증기의 스펙트럼이 나오지 않는 것이라고 주장하기도 했다. 그들은 금성이 엄청난 양의 이산화탄소로 인해 탄산을 많이 포함하고 있는 탄산수의 바다로 뒤덮여 있을 것이라고 생각했다.

금성의 실제 상황을 알게 된 것은 전파 망원경 관측을 통해서였다. 1956년 금성을 전파 망원경으로 관측한 과학자들은 금성 표면의 온도가 매우 높다는 것을 알아냈다. 금성 표면의 상태에 대해 확실하게 알게 된 것은 소련의 베네라 탐사선이 금성 표면에 착륙하여 금성 표면 상태를 알려 온 후의 일이다.

금성에는 바다도, 유전도, 늪지도 없었다. 금성은 타는 듯이 뜨거운 곳이었다. 금성 표면의 온도는 480℃ 정도이고 대기압은 90기압 정도였다. 지상에 설치된 전파 망원경을 이용한 관측을 통해서도 같은 결과가 얻어졌다. 금성에서도 운석들의 충돌로 만들어진 많은 충돌 크레이터가 발견되었다. 금성을 둘러싼 구름은 황산을 많이 포함하고 있다. 금성 대기 중에서는 항상 황산 비가 내리고 있지만 높은 온도로 인해 지면에 도달하기 전에 모두 증발해 버린다.

세상을 모두 태워 버릴 것 같은 맹렬한 더위, 모든 것을 뭉개 버릴 것 같은 높은 압력, 각종 맹독성 기체, 등골을 오싹하게 만드는 붉은 기운을 띠고 있는 금성은 사랑의 여신이 웃음 짓는 낙원이 아니라, 저주 받은 지옥이었다. 금성의 이런 상태는 온실효과에 의해 만들어졌을 것으로 믿어지고 있다. 지구는 적당한 온실효과로 인해 액체 상태의 물이 존재할 수 있고, 따라서 생명체가 살 수 있다.

지구도 90기압의 대기를 만들기에 충분한 양의 이산화탄소를 가지고 있지만 기체 상태가 아니라 석회암이나 탄산염 상태로 지각에 존재한다. 지구가 태양에 조금만 더 가까웠더라면 기온이 지금보다 높아 이산화탄소의 일부가 암석에서 대기 중으로 방출되었을 것이고, 이에 따라 온실효과가 크게 나타나 지표면의 온도가 더욱 높아졌을 것이다. 대기의 온도가 높아지면 더 많은 이산화탄소가 대기 중으로 방출되고, 이는 더 많은 온실효과를 일으켜 온도를 더욱 높일 것이다. 이러한 폭주 온실효과가 금성을 현재와 같은 상태로 변화시킨 것이다.

우리의 아름답고 푸른 행성 지구는 우리가 알고 있는 유일한 생명체의 보금자리이다. 금성은 너무 덥고, 화성은 너무 춥지만 지구의 기후는 생명체가 살아가기에 적당하다. 지구야말로 생명체들의 낙원이다. 인류 문명이 발전하면서 인류의 활동이 지구의 상태를 크게 바꿔 놓기 시작했다. 우리의 지능과 기술이 지구 환경에도 영향을 미칠 수 있을 만큼 발전한 것이다. 우리가 가지게 된 이러한 능력을 어떻게 사용할 것인가는 우리에게 달려 있다. 지구는 참으로 연약해서 좀 더 소중하게 다루어야 할 존재이다. 우리는 우리에게 주어진 능력을 지구를 소중하게 다루는 데 써야 할 것이다.

5. 붉은 행성을 위한 블루스

인류는 오랫동안 지구 이외의 세상에 생명이 존재할지 모른다는 두려움과 함께 외계 생명이 존재하길 바라는 희망도 가지고 있었다. 외계 생명체를 생각할 때 가장 먼저 주목한 곳이 이웃 행성인 화성이었다. 어떤 기자가 천문학자에게 화성에 생명체가 존재할 가능성을 500 단어로 요약해 달라고 요청하자 천문학자는 'Nobody knows아무도 모른다.'라는 말을 250번 반복해 쓴 답을 보냈다. 이것은 화성과 화성인에 대해 오래전부터 많은 관심을 가지고 있었음에도 불구하고 화성 생명체에 대해서는 아직 어떤 결론도 내리지 못하고 있음을 나타낸다.

우리가 화성에 유독 관심을 갖는 것은 화성이 지구와 유사한 면이 많기 때문이다. 얼음으로 뒤덮인 극관, 하늘에 떠 있는 흰 구름, 맹렬한 흙먼지 폭풍, 계절의 변화, 심지어는 하루의 길이가 24시간인 것까지 비슷하다. 따라서 화성은 많은 신화와 관련된 행성이 되었다. 허버트 조지 웰스가 화성인의 침공을 주제로 하는 공상과학 소설 『우주 전쟁』을 쓰기 3년 전에 미국 보스턴 출신의 천문학자 퍼시벌 로웰이 대규모 천문대를 설립하고 화성에 생명체가 살고 있다는 것을 입증하기 위한 관측을 시작했다.

로웰은 새로운 행성을 발견하는 일에도 많은 관심을 가지고 있었지만 가장 큰 관심사는 화성이었다. 이탈리아의 천문학자 조반니 스키아파렐리는 망원경으로 화성을 관측하고 화성에 '카날리Canali'가 있다고 주장했다. 이탈리아어로 카날리는 수로를 뜻했지만 영어로 번역하는 과정에서 운하라는 의미를 가진 카날canal이라는 단어로 번역되었다. 수로는 자연적으로 만들어진 것이지만 운하는 지적 생명체가 건설한 것을 뜻했다. 화성에 운하가 있다는 것은 화성인이 존재함을 의미했다. 화성인의 존재에 큰 관심을 가지게 된 로웰은 스키아파렐리가 시력을 잃어 더 이상 화성을 관측할 수 없게 되자 자신이 화성 관측을 계속하기로 했다.

그가 천문대를 세운 애리조나주 플래그스태프라는 도시의

언덕은 화성의 언덕이라고 불렀다. 이곳에서 그는 망원경으로 관측한 화성 운하의 지도를 그렸다. 로웰은 자신이 본 운하들이 극관에서 녹아내린 물을 적도 지방에 사는 목마른 도시인들에게 물을 공급해 주고 있다고 믿었다. 화성 전역에 걸쳐 용수로를 건설한 화성인들은 지구인들보다 발전된 문명을 가진 더 현명한 종족일 것이라고 생각했다.

그는 어두운 지역이 계절에 따라 변하는 것은 식물의 성장 상태가 계절에 따라 달라지기 때문이라고 믿었다. 그는 화성의 대기가 희박하기는 하지만 호흡하기에 충분할 정도이고, 전반적으로 물이 귀하기는 하지만 운하망이 잘 건설되어 있어 화성 전역에 충분한 물이 공급되고 있다고 생각했다.

다윈과 함께 진화론을 제안했던 앨프리드 러셀 월리스가 84세였던 1907년에 로웰의 저서들 중 하나의 서평을 써 달라는 요청을 받았다. 화성에 생명체가 있을 가능성에 회의적이었던 그는 로웰이 화성의 온도를 잘못 계산했다고 주장하고, 화성은 영구동토층으로 뒤덮여 있고, 대기는 훨씬 희박해 물이 없으며, 따라서 화성에 생명체가 존재할 가능성은 0이라고 했다. 그러나 그가 존재할 가능성이 0이라고 한 생명체는 고도 문명을 이룩한 지적 생명체를 의미하는 것으로 미생물의 존재 여부를 이야기한 것은 아니었다.

이제는 더 이상 화성 생명체의 흔적을 찾기 위해 지상에 있는 망원경을 이용하지 않는다. 화성 궤도를 돌면서 화성 전체의 세밀한 지도를 작성했으며, 탐사선과 로버가 화성 표면에 착륙하여 미생물의 흔적을 찾기 위한 여러 가지 실험을 하기도 했다.

우리가 화성을 직접 탐사할 수 있게 된 것은 로켓 기술이 발전한 덕분이었다. 처음 중국에서 발명된 로켓은 14세기경에 유럽으로 유입되어 전쟁 무기로 사용되기 시작했다. 그리고 19세기 말부터는 로켓을 이용한 우주여행을 꿈꾸는 사람들이 나타나기 시작했다. 고공비행을 위한 로켓을 처음 개발한 사람은 미국의 허칭스 고더드였으며, 독일이 제2차 세계대전에서 사용한 V-2로켓은 고더드의 기술을 응용한 것이었다.

1950년대 들어 로켓 개발의 주도권은 소련과 미국으로 넘어갔다. 제2차 세계대전이 끝난 후 전개된 냉전 시대에 로켓이 대량 파괴 무기의 운반체로 각광을 받으면서 로켓 관련 기술이 크게 발전했다. 발전된 로켓 기술은 지구 궤도를 도는 인공위성과 태양계 내의 다른 천체들을 탐사하는 탐사선에도 사용되었다.

소련은 무인 행성 탐사 프로그램을 활발하게 운영했다. 소련은 화성이나 금성이 지구 가까이 다가올 때마다 탐사선을 발사했다. 소련의 이런 노력은 상당한 성공을 거두었다. 베네라 8호에서 12호까지 다섯 대의 금성 탐사선이 금성 표면에 착륙하여 측정 결과와 실험 결과를 지구로 전송했다. 금성의 혹독한 기상 상태를 감안하면 이것은 대단한 성과였다.

소련은 화성 탐사에도 많은 공을 들였다. 그러나 금성에서 커다란 성과를 올렸던 것과는 달리 화성에서는 실패를 거듭했다. 1971년에 화성에 보낸 마르스 3호와 1973년의 마르스 6호는 착륙 직후 작동을 멈췄다. 소련이 거둔 금성 탐사의 눈부신 성공과 화성 탐사의 참담한 실패는 미국의 화성 탐사 프로젝트인 바이킹 프로젝트에 많은 영향을 주었다.

마르스 3호와 비슷한 운명을 피하려면 폭풍이 없는 시기를 골라 공기 밀도가 높아 속력을 충분히 줄일 수 있는 저지대에 탐사선을 착륙시켜야 했다. 바이킹 착륙선을 궤도선과 함께 화성 궤도에 진입시켜 놓고 궤도선이 착륙 지점을 탐사하기까지 착륙을 연기한 것은 이 때문이었다. 착륙 지점을 선택하기 위한 정밀한 조사가 진행된 후 바이킹 1호는 북위 21°도에 위치한 크라이세 지역에 착륙했고, 2호는 북위 44°에 있는 유토피아 지역에 착륙했다.

바이킹이 최초로 전송한 사진은 착륙선의 다리 사진이었다. 착륙선의 다리가 모래에 빠질 경우를 대비해 착륙 지점의 상태를 알아보기 위한 것이었다. 곧 화성의 사진이 전송되기 시작했다. 지구의 풍경과 크게 다를 바가 없는 자연 그대로의 바위와 모래 언덕들이 보였고, 멀리 있는 높은 산들도 보였다. 바이킹의 착륙지점 부근에는 지평선 너머 어딘가 충돌한 운석이 크레이터를 만들면서 튕겨낸 것으로 보이는 작은 돌멩이들이 널려 있었고, 작은 모래 언덕들에는 바람에 흩날리는 먼지로 덮혔다가 밖으로 드러나기를 반복하는 바위들이 흩어져 있었다. 바이킹의 시야에 들어오는 경관에는 생명체가 있을 징조라고는 없었다.

바이킹 착륙선은 인간의 탐사활동 능력과 그 범위를 외계에까지 확장시켰다. 바이킹 탐사선은 적외선을 감지할 수 있고, 땅을 파서 표본을 채취할 수 있었으며, 손가락을 펴서 풍향과

풍속을 측정할 수도 있었다. 바이킹의 센서들은 극소량의 분자도 감지할 수 있었고, 미세한 지진을 감지할 수 있었으며, 탐사선의 작은 흔들림도 느낄 수 있었고, 세균을 탐지할 수도 있었다. 바이킹 우주선은 실험 결과를 지구로 전송하고, 지구에서 보내는 지시를 받아 다음 실험을 준비할 수도 있었다.

바이킹의 로봇 팔이 채취한 토양 표본은 운반기에 실려 다섯 개의 실험 장치에 배분되었다. 그중 하나에서는 토양 무기화학 실험이, 또 다른 하나에서는 먼지나 모래에 포함된 유기분자를 찾는 실험이 진행되었고, 나머지 세 개에서는 미생물의 흔적을 찾기 위한 실험이 이루어졌다. 바이킹 프로젝트의 미생물 실험에는 화성 미생물이 좋아하는 양분을 지구로부터 가져가서 미생물이 그것을 먹고 방출하는 기체를 조사하는 실험도 있었고, 특정 방사선 원소를 포함하는 유기물질이 만들어지는 것을 조사하는 실험도 포함되어 있었다.

초기에는 세 실험 중 두 개의 실험 결과가 생명체 존재에 대해 긍정적인 것처럼 보였다. 5,000킬로미터 떨어져 있는 두 지점에서 채취한 모두 일곱 개의 서로 다른 표본에서 생명 존재에 관한 긍정적인 결과가 나온 것이다. 그러나 이 실험 결과만 가지고는 생명체 유무를 판단하기 어려웠다. 바이킹 프로젝트의 미생물 실험에서 얻은 결과들은 화성의 환경에서는 무기화학적 반응으로도 같은 결과가 나타날 가능성이 있음이 밝혀졌기 때문이다.

따라서 바이킹 실험을 통해 내릴 수 있는 결론은 '화성의 미생물 존재를 확인할 수 있는 확실한 증거가 없다'는 것이었다. 화성에서 생명체가 발견된다면 지구 생명체의 우주적 보편성을 시험해 볼 수 있는 좋은 기회가 될 것이고, 생명체가 존재하지 않는다면 생명체가 가득한 지구와 생명체가 존재하지 않는 화성이 좋은 비교 대상이 될 수 있을 것이다.

화성에서는 아직까지 생명체를 이루는 유기분자가 발견되지 않았다. 화학적 활성이 강한 화성의 산화작용으로 인해 생명체의 사체들이 모두 파괴되었을 수도 있고, 화성 생명체가 유기물이 아닌 다른 물질로 이루어졌을 수도 있다. 그러나 우주에 풍부하게 존재하는 탄소는 생명체가 이용하기 가장 적당한 원소이다. 따라서 외계 생명체들도 대부분 지구 생명체들과 같이 탄소를 기반으로 하는 물질로 이루어졌을 가능성이 크다. 물이 아닌 다른 액체가 용매로 사용될 가능성은 있다. 액체 암모니아도 그런 액체 후보 중 하나이다.

바이킹이 착륙했던 두 지점에서 유기화합물을 바탕으로 하는 미생물의 흔적이 발견되지 않은 것이 화성의 다른 지역이나 다른 시기에 화성에 미생물이 존재하지 않았음을 뜻하지는 않는다. 외계 생명체들도 지구 생명체를 구성하고 있는 것과 같은 원자들로 이루어졌을 가능성이 크다. 원자는 물론 분자 수준에서도 단백질이나 핵산과 같은 비슷한 분자들이 중요한 역할을 하고 있을 것이다. 그러나 이런 분자들의 조합 방식은 지구 생명체들의 경우와 전혀 다를 수 있다.

예를 들어 밀도가 높은 대기를 가지고 있어 대기 중에 떠다니면서 생활하는 생명체라면 단단한 뼈를 필요로 하지 않을 것임으로 칼슘 원자를 포함하고 있는 뼈를 가지고 있지 않을 것이다. 외계 생명체는 플루오르화수소산이나 암모니아와 같은 액체를 용매로 사용하고 있을 수도 있다. 어쩌면 용매를 필요로 하지 않는 생명체가 존재할 수도 있다. 용매를 통해서 분자가 이동하는 대신 전기 신호를 전파시키는 생명체가 존재할지도 모른다.

바이킹의 화성 탐사는 역사적으로 매우 중요한 프로젝트였다. 바이킹 탐사선은 지구가 아닌 다른 행성에서 장시간 동안 작동한 최초의 탐사선이었으며, 지질학, 지진학, 광물학, 기상학 등 여러 분야에서 화성에 대한 풍부한 자료를 수집한 성공적인 탐사 프로젝트였다.

2000년대 초에 이루어진 오퍼튜니티 로버(탐사차)와 오퍼튜니티의 쌍둥이 로버인 스피릿은 화성의 넓은 지역을 돌아다니면서 여러 가지 실험을 해 한 장소로만 국한 되었던 바이킹의 탐사를 크게 발전시켰다. 그러나 아직 로버가 다니면서 탐사한 지역은 화성의 극히 일부에 지나지 않는다. 액체나 얼음 상태의 물이 존재할 가능성이 있는 화성 지하에 대한 충분한 실험역시 이루어지지 않았다. 그리고 화성의 토양이나 암석 표본을 지구로 가져와 지구 실험실에서 정밀한 실험도 아직 수행되지 못하고 있다. 화성에서 과거에 존재했거나 현재 존재하고 있는 생명체를 찾아내기 위해 해야 할 일은 아직 많이 남아 있다.

미래에 화성에서 생명체가 발견된다면 화성을 그대로 두어야 할 것이다. 화성 생명체가 미생물인 경우에도 화성은 화성 생명체에게 맡겨 두어야 한다. 이웃 행성에 존재하는 독립적 생물계는 가치를 매길 수 없을 정도로 귀중한 자산이기 때문이다. 화성 생명체를 보존하는 일은 다른 어떤 용도로 화성을 사용하는 것보다 우선되어야 할 것이다.

그러나 화성에 생명체가 없다는 것이 밝혀진다면 어떨까? 화성에서 우리에게 필요한 자원을 가져오는 것은 기술이 크게 발전한 먼 미래에도 비경제적일 것이다. 화성을 우리가 살아갈 수 있는 환경으로 변형시키는 것은 어떨까? 그것은 가능할 것이다. 그러나 그러기 위해서는 많은 시간을 기다려야 할 것이다.

6. 여행자가 들려준 이야기

끊임없는 탐험과 발견이야말로 인류 문명의 가장 큰 특성이다. 인류는 16세기에 중요한 전환점을 맞으면서 지구의 모든 곳을 탐험할 수 있다는 확신을 갖게 되었다. 유럽 여러 나라들은 국가 간의 경쟁이나 식민지 개척, 또는 경제적 이익을 위해 대규모 탐험대를 조직해 세계 곳곳으로 보냈다. 이런 탐험들이 모두 성공을 거둔 것은 아니지만 적어도 전 세계를 하나로 묶고, 지구라는 행성과 지구에 살고 있는 인류라는 종족에 대한 이해의 폭을 넓히는 데는 크게 기여했다.

16세기 이후 전개된 탐험에서 중심 역할을 한 나라는 네덜란드였다. 스페인으로부터 독립을 선언한 후 네덜란드는 다른 나라들보다 먼저 계몽주의를 받아들여 합리적이고 창의적인 사회를 만들었다. 네덜란드는 정부와 민간 합작으로 동인도 회사를 설립하고, 이 회사를 중심으로 세계 곳곳을 탐험하여 유럽과의 중계무역을 통해 경제적인 이득을 얻었다.

네덜란드의 공격적인 탐험은 교역을 통해서 얻을 수 있는 경제적 이익 이상의 것을 네덜란드에 안겨주었다. 탐험의 주된 목적이 경제적 이익을 얻는 것이기는 했지만 그 안에는 지식 자체를 추구하는 과학적 탐구심, 미지의 세계에 대한 호기심, 그리고 새로운 세상을 개척하기 위한 열정이 포함되어 있었다. 네덜란드는 무절제한 이윤의 추구는 국가의 건강을 해칠 수 있다는 것을 잘 알고 있었다.

역사상 네덜란드가 그처럼 막강한 영향력을 행사하던 시기는 없었다. 강력한 군사력을 보유하고 있지 않았던 네덜란드는 평화 정책을 철저하게 견지했으며, 정통에서 벗어난 새로운 사조에 대해서도 관대했다. 정치적 또는 종교적인 이유로 사상의 자유를 억압받고 있던 당시의 유럽 지성인들에게 네덜란드는 훌륭한 피난처였다. 인류 문명사에 커다란 자취를 남긴 바루흐 스피노자, 르네 데카르트, 존 로크와 같은 사람들이 네덜란드에서 활동했던 것은 이 때문이었다.

해양 강국으로서의 네덜란드와 지성과 문화의 중심으로서의 네덜란드는 깊은 연관을 가지고 있었다. 탐험에 사용된 배를 건조하는 조선술의 발전은 모든 기술 분야의 발전으로 이어졌다. 네덜란드인들은 기술을 존중했고, 발명가를 우대했다. 기술의 진보를 위해 지식의 자유를 존중했던 네덜란드는 유럽 출판의 중심지가 되었다. 외국 저작물들이 번역되어 출판되었고, 다른 나라에서 금지된 서적들의 출판도 허용되었다. 사회 전반에 퍼져 있던 개방적 사고와 생활양식, 그리고 탐험과 개척 정신은 네덜란드를 진취적이고 활력이 넘치는 나라로 만들었다.

이탈리아에서는 부르노와 갈릴레이가 새로운 세상에 대한 믿음으로 어려움을 겪고 있던 시기에 네덜란드의 크리스티안 하휘헌스는 두 사람의 주장을 모두 지지하면서도 사람들의 존경을 받으며 살아갈 수 있었다. 하휘헌스의 아버지 콘스탄틴 하휘헌스는 외교관, 시인, 작곡가, 연주자로 다양한 활동을 하던 사람이었다. 아버지 하휘헌스를 처음 만난 데카르트는 그의 다양한 분야에 대한 관심과 뛰어난 능력에 놀랐다고 전해진다. 하휘헌스의 집은 세계 각지에서 수집한 진귀한 물건들로 가득했고, 여러 나라에서 온 방문객들로 북적였다. 이런 환경에서 자라 다양한 분야에 대한 폭넓은 지식을 가지고 있었던 아들 하휘헌스는 "세계가 나의 고향이며 과학이 나의 종교이다."라고 말하기도 했다.

당시의 가장 큰 관심사는 빛이었다. 스넬의 굴절 법칙, 레이우엔훅의 현미경 발명, 하휘헌스의 파동설은 모두 빛과 연관된 것들이었다. 이러한 연구들은 서로 연계되어 이루어졌고, 학자들은 학문의 경계를 자유롭게 넘나들었다. 현미경을 발명한 안톤 판 레이우엔훅은 하휘헌스의 집을 자주 방문하면서 그와 긴밀한 관계를 유지했다.

레이우엔훅은 확대경을 개량하여 현미경을 만들고 물방울 안에서 미생물을 발견했다. 하휘헌스도 현미경 개량에 기여했고, 현미경을 이용하여 새로운 사실을 발견하기도 했다. 하휘헌스는 충분히 가열한 물에서도 미생물이 서서히 증식하는 현상을 관찰하고, 미생물들이 공기 중에 떠다니다가 물에 내려

앉아 번식한다고 설명하기도 했다.

네덜란드에서 17세기 초에 발명된 현미경과 망원경은 인간이 볼 수 있는 한계를 크게 넓혀 놓았다. 하휘헌스는 직접 렌즈를 연마하여 망원경을 만들었다. 그는 망원경으로 화성을 측정하여 화성의 자전 주기가 24시간이라는 것을 알아내기도 했다. 토성이 표면과 연결되어 있지 않은 고리를 가지고 있다는 것을 밝혀내고, 토성의 가장 큰 위성인 타이탄을 발견한 사람도 하휘헌스였다.

하휘헌스는 지구도 다른 행성들과 마찬가지로 태양 주위를 돌고 있다는 태양중심설이 이해력이 특히 부족하거나 헛된 권위나 미신에 사로잡힌 사람들이 아니면 누구나 받아들일 수 있는 학설이라고 주장했다. 중세 철학자들은 천구가 지구를 중심으로 하루에 한 바퀴씩 돌고 있기 때문에 우주의 크기는 한정되어 있으며, 다른 세상 같은 것은 존재할 수 없다고 생각했다.

그러나 지구도 태양을 돌고 있는 행성들 중 하나라는 생각은 지구가 생명체 존재의 유일한 장소라는 생각을 의심하게 만들었다. 지구도 태양을 돌고 있는 행성 중 하나라는 것을 증명한 케플러는 다른 별들은 행성을 가지고 있지 않을 것이라고 생각했다. 별들 주위에도 행성들이 돌고 있을 것이라는 생각을 처음 한 사람은 조르다노 부르노였다.

하휘헌스는 우주에 또 다른 태양계가 존재할 것이라는 생각을 받아들였고, 그런 태양계의 행성들에도 생명체들이 살고 있을 것이라고 믿었다. 그는 외계 행성들을 생명체가 살지 못하는 사막과 같은 장소라고 한다면 그것은 지구라는 행성이 우주에서 특별한 지위를 가지고 있다는 것을 의미하는데 그것은 합리적인 생각이 아니라고 생각했다. 하휘헌스는 이런 생각을 『천상계의 발견 — 행성들의 세계, 그것의 거주민, 식물, 그리고 그 생성에 관한 몇 가지 추측』이라는 책으로 출판했다. 행성들의 자연환경을 설명하는 데 대부분을 할애한 이 책에서 하휘헌스는 다른 행성들의 자연 환경과 그곳에 살고 있는 생명체들이 지구의 환경이나 생명체들과 비슷할 것이라고 설명했다.

네덜란드인들은 뛰어난 탐험가들이었다. 탐험가들이 들려주는 낯선 땅의 특이한 동식물에 대한 이야기는 다른 사람들의 호기심을 자극하여 그들로 하여금 탐험에 나서도록 했다. 그들이 전해 주는 이야기에는 사실과 함께 과장된 내용이나 사실과 다른 내용도 포함되어 있었지만 사람들로 하여금 새로운 세상에 대해 상상의 나래를 펼 수 있도록 하기에는 충분했다.

지구의 곳곳을 탐사했던 네덜란드의 탐험대가 가지고 있던 탐험 정신은 태양계 곳곳을 탐사하고 있는 현대판 탐험대들이 그대로 계승하고 있다. 현대판 탐험대들은 예전에는 상상도 할 수 없었던 먼 세상의 이야기를 우리에게 전해 주고 있다. 태양계에서도 가장 멀리 있는 행성들과 위성들의 정보를 우리에게 전해 주고 있는 보이저 1호와 2호의 탐험 이야기에 귀를 기울여 보자.

보이저 2호는 1977년 8월 20일 발사되어 화성 궤도를 커다란 호를 그리면서 통과하고, 소행성대를 지나 1979년 7월 9일 목성 궤도에 진입하여, 목성과 목성 위성들에 대한 탐사를 시작했다. 무게가 0.9톤이었으며, 크기는 방 하나를 가득 채울 정도였던 보이저 2호는 태양 빛이 약한 태양계 외곽 지역을 탐사하는 임무를 띠고 있었기 때문에 태양 에너지를 동력으로 사용할 수 없어 플루토늄을 연료로 작동하는 소형 원자로를 이용해 에너지를 공급 받았다. 보이저 2호는 자외선 분광 측정기, 적외선 분광 측정기, 하전 입자 검출기, 자기장 측정기, 목성 전파 수신기 등을 갖추고 있었고, 보이저 프로젝트에서 가장 큰 성공을 거둔 장비인 두 대의 텔레비전 카메라도 장착하고 있었다.

보이저 1호는 1만 8,000여 장에 이르는 목성과 위성들의 사진을 전송했고, 보이저 2호도 비슷한 수의 사진을 전송했다. 보이저 탐사선이 전송하는 메시지는 스페인, 모하비 사막, 그리고 오스트레일리아에 설치되어 있었던 수신 안테나에서 수신된 후 캘리포니아에 있는 제트추진연구소로 보내졌다. 보이저 1호는 갈릴레오 위성 중 유로파를 제외한 다른 위성들의 사진을 전송했고, 유로파의 사진을 전송한 것은 보이저 2호였다. 목성을 돌고 있는 위성들 중에서 가장 큰 네 개의 위성인 갈릴레오 위성들은 수성과 맞먹을 정도로 큰 위성들이다. 이들 중 가장 안쪽에서 목성을 돌고 있는 이오와 유로파는 주로 암석으로 이루어진 위성이며, 가니메데와 칼리스토는 암석보다 밀도가 낮은 물질로 이루어진 위성이다.

과학자들은 암석과 얼음으로 이루어진 가니메데와 칼리스토의 내부에는 액체 상태의 물이 존재할 것이라고 예측했다. 이런 예상은 보이저 탐사선들이 갈릴레오 위성들을 직접 조사하기 전까지는 하나의 가설이었다. 그러나 보이저 탐사선들은 이것이 사실이라는 것을 확인했다.

보이저 탐사선이 관측한 갈릴레오 위성들은 우리가 알고 있던 세상과는 다른 또 다른 세상이었다. 갈릴레오 위성들 중에서 우리의 가장 많은 관심을 끈 것은 유로파였다. 유로파의 표면은 직선과 곡선이 서로 얽혀 놀라울 정도로 복잡한 그물망 구조를 하고 있었다. 얼음으로 뒤덮인 유로파의 표면 아래에는 액체 상태의 물로 이루어진 거대한 바다가 있는 것으로 밝혀졌다.

보이저가 보내 온 여행담 중에서 가장 극적인 것인 목성의 위성인 이오에 관한 이야기이다. 이오의 표면에서는 엄청난 양의 기체를 내뿜고 있는 활화산이 아홉 개나 발견되었다. 이오의 표면은 화산 분출로 끊임없이 변하고 있었다. 과학자들은 목성의 강한 조석력에 의해 이오 내부가 용융상태에 놓일 수 있다는 것을 알고 있었고, 따라서 화산 활동이 있을 것을 예상했지만 화산 활동이 이 정도로 활발할 것으로는 예상하지 못했다. 이오에서는 지하에 있는 액체 상태의 유황이 지상으로 계속 분출되고 있었다. 보이저 탐사선들은 이오의 대기가 주로 이산화황으로 이루어져 있다는 것도 알아냈다.

목성은 지구 질량의 318배나 되는 많은 질량을 가지고 있는 행성으로 주로 수소와 헬륨으로 이루어져 있다. 목성의 표면에서는 두꺼운 대기층이 누르는 압력이 300만 기압이나 되기 때문에 수소 원자를 구성하고 있던 전자들이 떨어져 나가 금속성의 액체 수소로 변해 있다. 따라서 목성의 표면에는 액체 수소가 바다를 이루고 있을 것이다.

그러나 목성의 내부에는 암석과 철로 이루어진 핵이 자리 잡고 있을 것이다. 목성은 태양계에서 가장 강력한 자기장을 가지고 있는 행성이다. 이러한 강력한 자기장은 금속성 액체 수소에 흐르고 있는 전류가 만들어낸 것이다. 목성의 자기장은 태양풍의 하전입자를 붙들어 복사 벨트를 형성하고 있다. 목성의 구름보다 높은 곳에 있는 복사 벨트를 이루고 있는 하전입자들은 목성의 남극과 북극 사이를 빠르게 왕복하고 있다. 이오의 궤도는 목성에서 가까워 목성의 복사 벨트를 통과한다. 이때 하전입자들이 이오로 폭포수 같이 쏟아지면서 강력한 전파를 방출하는데 지구에서도 이런 전파를 관측할 수 있다.

보이저 2호는 토성에 대해서도 많은 이야기를 전해 주었다. 토성은 목성보다 약간 작다는 점만 제외하면 여러 가지 면이 목성과 매우 비슷하다. 대략 10시간의 주기로 자전하고 있는 토성은 아름다운 고리로 적도 부분을 장식하고 있다. 목성도 고리를 가지고 있지만 토성의 고리처럼 두드러지지도 않고 아름답지도 않다. 토성의 위성들 중에서 가장 큰 관심을 끄는 것은 타이탄이다.

타이탄은 태양계의 위성들 중에서 상당한 수준의 대기를 가지고 있는 유일한 위성이다. 1980년 11월 보이저 2호가 토성 궤도에 도달하기 전까지는 타이탄에 대하여 알려진 것이 거의 없었다. 타이탄의 표면 온도는 0℃ 이하지만 풍부한 양의 유기물질, 태양의 복사 에너지, 활화산 주위의 고온 지역을 감안하면 타이탄에 생명체가 있을 가능성을 배제할 수 없다.

토성은 아름다운 고리를 가지고 있는 행성으로 유명하다. 토성의 고리를 자세하게 관측하려면 아주 가까이 접근해야 한다. 고리를 이루고 있는 입자들은 크기가 1미터에 불과한 눈덩이나 얼음 조각들이다. 토성 가까이서 토성을 도는 입자일수록 속력이 빠르다. 이런 속력의 차이 때문에 고리를 이루는 입자들이 하나의 커다란 위성으로 성장할 수 없었을 것이다. 그러나 토성에서 멀어지면 입자들 사이의 속력 차이가 거의 없어 중력 작용으로 커다란 위성으로 성장할 수 있었다. 토성 고리의 바깥쪽에 여러 개의 위성들이 자리 잡고 있는 것은 이 때문이다.

태양에서 명왕성까지 거리의 2배 내지 3배의 거리까지 가면 성간을 떠도는 양성자와 전자의 압력이 태양풍의 압력보다 커진다. 여기가 태양계의 경계인 태양권계이다. 보이저 탐사선은 21세기 중엽에 태양권계를 지나 우주로 달려갈 것이다. 보이저 탐사선이 은하수 은하를 한 바퀴 돌고 날 때쯤이면 지구에서는 수억 년이 지나 있을 것이다.

7. 밤하늘의 등뼈

인류는 '별'이란 무엇인가라는 질문을 반복하면서 살아왔다. 우리가 살고 있는 시대는 이런 질문에 답을 해줄 수 있는 특별한 시대이다. 아직 과학이라는 학문 체계가 없던 시절에 살고 있던 사람들도 우리와 비슷한 생각을 하면서 살았을 것이다. 불을 처음 사용하기 시작하던 때 살았던 사람들은 하늘의 별들을 무엇이라고 생각했을까?

별들은 아주 멀리 떨어져 있어서 언덕이나 나무 위에 올라가도 조금도 가까워지지 않는다. 별들은 구름보다도 높은 곳에 있다. 달이 별 앞을 지나가면서 별을 가리기도 하는 것을 보면 별들은 달보다도 멀리 있다. 별들은 멀리 있으면서 매우 반짝거리지만 뜨겁지는 않다. 밤에 반짝이는 것으로 보아 별은 불꽃이 아닐까 하는 생각을 했을 것이다.

그런가 하면 밤하늘이 세상을 뒤덮고 있는 동물의 가죽이라고 생각하고, 별은 이 가죽에 난 구멍을 통해 보이는 멀리 있는 다른 세상에서 타고 있는 불꽃이라고 생각했을 수도 있다. 보츠와나 공화국 칼라하리 사막에 사는 쿵족은 하늘이 거대한 짐승이고, 우리는 그 짐승의 뱃속에 살고 있으며 은하수는 그 짐승의 등뼈라고 생각했다.

하늘을 모닥불이나 짐승의 등뼈라고 했던 생각들이 점차 신들에게 자리를 내주게 되었다. 하늘에 살고 있으면서 인간과 자연을 지배하고 있다고 생각했던 초자연적인 존재들이 다양한 이름의 신으로 불리게 되었다. 그들에게는 이름도 주어졌으며 계보도 만들어졌고, 역할도 부여되었다.

신화들이 만들어지면서 사람들은 세상에서 일어나는 모든 일들이 신들로 인해 일어난다고 믿게 되었다. 신들의 기분이 좋으면 풍년이 들어 인간도 행복해지지만, 신이 노하면 가뭄, 폭풍우, 전쟁, 지진, 전염병과 같은 재앙이 세상을 덮친다고 생각했다. 따라서 사제와 예언자들이 신을 달래기 위해 제사를 지내기도 하고, 축제를 벌이기도 했다. 그러나 변덕스러운 신의 뜻을 헤아리는 것은 쉬운 일이 아니었다.

에게해에 있는 사모스 섬에는 고대의 불가사의 중 하나로 꼽히는 헤라 여신을 위한 신전이 있다. 사모스의 수호신이었던 헤라는 올림포스 신들의 우두머리였던 제우스와 결혼했다. 신화에 의하면 헤라 여신의 유방에서 흘러나온 젖이 밤하늘에 흘러서 은하수가 되었다. 영어에서 은하수를 Milky way라고 부르는 것은 이 때문이다. 이 신화에는 신들이 세상을 양육한다는 의미가 포함되어 있다. 우리는 신화를 만들어 세상을 이해하려고 했던 사람들의 후손이다. 수천 년 동안 인류를 억눌러 온 이런 생각들은 우주에서 일어나는 일들 뒤에는 신들이 있다고 믿었다.

그러다가 2,500년 전 이오니아에서 새로운 깨달음의 기운이 일기 시작했다. 이오니아의 자연철학자들은 우주에 내재되어 있는 질서를 이해할 수 있다고 생각했으며, 자연현상에서 관측할 수 있는 규칙을 통해 자연의 비밀을 밝혀낼 수 있을 것이라고 믿었다. 그들은 우주의 질서를 코스모스라고 불렀다.

이오니아의 첫 번째 과학자는 밀레투스의 탈레스였다. 그는 일식을 예측했고, 태양의 고도와 그림자의 길이를 이용하여 피라미드의 높이를 측정했으며, 기하학의 여러 가지 성질들을 증명했다. 신들을 배제하고 세상을 이해하려고 노력했던 탈레스는 물이 모든 물질의 근원이라고 주장했다. 그는 신들이 세상을 만든 것이 아니라 자연 속에서 서로 영향을 주고받는 물리적 힘의 결과로 만물이 만들어졌다고 보았다.

탈레스의 제자이자 동료였던 아낙시만드로스는 실험의 중요성을 인식했던 최초의 인물이었다. 그는 막대의 그림자 길이가 변하는 것을 이용하여 1년의 길이를 정확하게 측정했고, 세상을 지도로 표시하고 별자리를 나타낸 천구도를 만들기도 했다. 그는 지구가 우주의 중심에 정지해 있으며. 태양, 달, 별은 천구 위에서 움직이는 구멍을 통해 보이는 불이라고 했다. 공기를 이용한 실험을 통해 공기도 물질이라는 것을 증명했던 엠페도클레스는 빛이 빠르기는 하지만 무한히 빠른 것은 아니라고 주장했다.

이오니아의 식민지인 아브데라 출신의 데모크리토스는 수많은 세상들이 우주에 두루 퍼져 있는 물질에서 동시다발적으로 태어나 진화를 거쳐 결국은 쇠퇴하게 된다고 믿었다. 그는 물체는 더 이상 쪼갤 수 없는 원자들이 복잡하게 결합하여 만들어졌다고 주장하고, 원자와 빈 공간을 제외하면 아무것도 없다고 설명했다.

데모크리토스는 점점 넓이가 작아지는 지극히 얇은 판들을 밑바닥에서 꼭대기까지 쌓아 올리면 원뿔이나 피라미드를 만들 수 있으므로 이 얇은 판들의 넓이를 더하면 원뿔이나 피라미드의 부피를 알 수 있다고 했다. 그는 미적분의 문턱까지 갔던 것이다. 그는 또한 은하수가 수많은 별들로 이루어졌다고 주장하기도 했다.

아낙사고라스는 기원전 450년경 아테네에서 활동했던 이오니아 출신의 실험가였다. 인생의 목표가 태양, 달, 하늘의 탐구라고 했던 그는 물질이 세계를 지탱하는 근본이라고 믿었던 물질주의자였다. 그는 원자의 존재는 믿지 않았고, 인간이 다른 동물보다 현명한 것은 손 때문이라고 했다. 그는 달이 밝게 보이는 것은 태양 빛을 반사하기 때문이라고 설명하고, 지구, 달,

스스로 빛을 내는 태양의 상대 위치에 따라 달의 위상이 달라진다고 했다. 그는 태양이 펠로폰네소스 반도보다 큰 불타는 돌이라고 주장했다.

사모스와 관련된 인물 중에서 후대에 가장 큰 영향을 끼친 사람은 피타고라스였다. 최초로 지구가 둥근 공처럼 생겼다고 설명한 피타고라스는 직각 삼각형의 두 변의 제곱의 합이 빗변의 제곱과 같다는 피타고라스의 법칙을 발견한 사람으로 널리 알려져 있다. 실험을 중요하게 생각했던 이오니아 철학자들과는 달리 피타고라스는 순수한 사고를 통해서 자연법칙을 추론해 낼 수 있다고 믿었다.

그는 수학적 논증의 객관성 및 확실성에 매료되어 수학적 논증이야말로 인간 지성이 도달할 수 있는 최상의 인지 세계라고 했다. 현실 세계의 물질에서가 아니라 또 다른 세상에서 진리를 찾으려고 했던 피타고라스학파는 이데아의 세상에서 진리를 찾으려고 했던 플라톤에게, 그리고 플라톤은 현세보다는 내세에 모든 의미를 부여하는 기독교 사상에 큰 영향을 주었다.

피타고라스학파의 사상이 가져다 준 득과 실은 케플러의 일생에 가장 잘 나타나 있다. 케플러가 받은 초기의 신학 교육에서는 이 세상 너머에 완벽하고 신비로운 세상이 존재한다고 가르쳤다. 케플러는 자연에는 수학적 조화가 깃들어 있으며, 간단한 수학적 관계가 행성의 운동을 지배한다는 피타고라스와 플라톤의 생각에 깊이 매료되었다. 하늘은 완전한 세계여서 완전한 운동인 등속 원운동만 가능하다고 했던 생각도 받아들였다.

브라헤의 관측결과가 다른 이야기를 하고 있는 동안에도 그는 등속 원운동을 유지하려고 노력했다. 그러나 피타고라스나 플라톤과 달리 케플러는 실험과 관측의 중요성을 잘 알고 있었다. 따라서 그는 고대 과학이 제시했던 원리들을 포기하고 관측 자료가 이야기해 주는 것을 받아들였다. 케플러가 행성 운동을 연구하는 계기를 제공한 것이 피타고라스의 생각이었지만, 피타고라스의 생각을 바탕으로 행성들의 운동을 설명하기 위해 많은 시간을 보낸 후 그는 피타고라스의 생각에서 벗어났다.

노예제도 아래서 편하게 살던 플라톤과 아리스토텔레스는 육체와 정신의 분리를 가르쳤으며, 정신과 물질을 별개라고 주장했다. 인간의 감각 경험을 그다지 중요하지 않게 생각했던 플라톤은 관측과 실험에 시간을 낭비하지 말라고 가르쳤다. 그들은 하늘과 지구를 서로 다른 원리가 지배하는 세상으로 분리해 놓았고, 이런 생각은 2,000년 동안 유럽을 지배했다.

피타고라스와 플라톤은 코스모스가 설명될 수 있는 실체이고, 자연에는 수학적 근본 원리가 들어 있다고 주장하여 사람들에게 자연의 근본 원리를 찾아내기 위해 노력하는 동기를 부여하기는 했지만 과학을 소수 엘리트만의 전유물로 제한했으며, 실험에 대한 혐오감을 심어줌으로써 인간의 위대한 모험심에 큰 좌절감을 안겨주었다.

그러나 이오니아적 접근 방식이 알렉산드리아에 전해져 서양 세계에 두 번째 깨달음의 시대가 열렸다. 지구도 하나의 행성이며 지구인은 우주 시민이라는 생각은 피타고라스 이후 3세기가 지난 다음에 사모스에서 태어난 아리스타코스에서 시작되었다. 아리스타코스는 태양이 행성계의 중심이고 모든 행성들은 태양 주위를 돌고 있다고 주장한 첫 번째 사람이었다.

아리스타코스는 월식 때 달 표면에 드리워지는 지구의 그림자를 보고 태양은 지구보다 훨씬 크며 매우 멀리 떨어져 있다고 주장했다. 그는 태양처럼 큰 물체가 지구처럼 작은 물체의 주위를 도는 것은 불합리하다고 주장하고, 지구는 하루에 한 번씩 자전하면서 태양 주위를 1년에 한 번 공전하고 있다고 주장했다.

아리스타코스는 태양도 별들 중의 하나라고 생각했다. 그는 지구가 태양 주위를 돌고 있다면 지구의 위치변화로 인해 별들의 위치가 달라져 보여야 할 것이라고 생각했다. 그러나 6개월 간격으로 별들의 위치를 측정했지만 별들의 위치가 달라지지 않았다. 별들의 연주시차가 측정되지 않는 것은 별까지의 거리가 태양에서 지구까지의 거리보다 훨씬 멀리 있음을 의미했다.

별까지의 거리를 처음으로 측정한 사람은 네덜란드의 하휘헌스였다. 그는 크기가 다른 여러 개의 구멍이 뚫려 있는 동판을 들고 어느 크기의 구멍을 통해 본 태양의 밝기가 전날 저녁에 자신이 보아 둔 시리우스 별의 밝기와 같은지 조사했다. 결과는 겉보기 지름의 2만 8,000분의 1 크기의 구멍으로 본 태양의 밝기가 시리우스 별의 밝기와 같았다. 그는 이 결과를 이용해 시리우스가 태양보다 2만 8,000배 더 멀리 떨어져 있다고 설명했다. 이것은 약 0.5광년에 해당하는 거리로 8.6광년 떨어져 있는 시리우스까지의 실제 거리보다 많이 짧은 것이었지만 별까지의 거리가 당시 사람들이 생각하고 있던 것보다 훨씬 멀다는 것을 나타내기에는 충분했다. 다만 이런 방법으로 별까지의 거리를 측정하기 위해서는 태양과 그 별의 실제 밝기가 같아야 한다.

아리스타코스가 우리에게 남겨 준 유산은 지구와 지구인이 우주에서 특별한 존재가 아니라는 통찰이었다. 그러나 이런 통찰이 널리 받아들여지기까지는 역사를 반대 방향으로 돌리려는 물결을 이겨내야 했다. 지구와 지구인을 우주에서 올바르게 자리매김하는 일은 천문학, 물리학, 생물학, 인류학의 발전에 원동력을 제공했지만 사회에 주는 영향이 컸기 때문에 심각한 저항에 직면해야 했다.

아리스타코스의 위대한 유산은 별들 너머에도 적용되었다. 18세기 영국의 천문학자 윌리엄 허셜은 별들의 분포를 지도로 작성하고 태양계가 은하수은하의 중심에 자리 잡고 있다고 주장했다. 그러나 미국의 천문학자 하로우 새플리는 은하수은하 내에 있는 구상성단까지의 거리를 측정하고 이들이 태양을 중심으로 분포하고 있는 것이 아니라는 것을 알아냈다. 1915년에 새플리는 태양계는 은하의 중심이 아니라 변방에 위치해 있다고 주장했다. 우리는 현재 태양계가 은하수은하의 중심으로부터 3만 광년 떨어진 곳에 위치해 있다는 것을 알고 있다. 은하수은하 내에서 태양계가 위치한 곳은 주위보다 별들의 밀도가 낮은 나선팔의 가장자리이다.

오랫동안 사람들은 은하가 우주의 전부일 것이라고 생각했다. 그러나 1925년에 안드로메다성운에서 변광성을 찾아내 이 성운까지의 거리를 측정한 에드윈 허블은 안드로메다성운이 우리은하 밖에 있는 또 다른 은하라는 것을 밝혀냈다. 그 후 우주에는 수많은 은하들이 분포해 있다는 것을 알게 되었다. 우리은하 역시 우주에서는 평범한 하나의 은하에 불과하다는 것이 밝혀진 것이다.

아리스타코스 이래 과학자들이 한 일은 인류를 우주의 중심에서 조금씩 멀어지게 하는 것이었다. 세상의 중심에 살고 있던 인류는 우주에 대한 새로운 사실이 밝혀질 때마다 중심으로부터 물러서기를 계속했다. 인류는 이제 은하의 가장자리에서 은하를 돌고 있는 평범한 별 주위를 돌고 있는 작은 행성 위에서 살아가고 있는 자신의 위치를 깨닫게 되었고, 우주 드라마의 주인공이라는 근거 없는 특권 의식에서 벗어나 코스모스를 제대로 이해하기 위한 대장정을 시작하게 되었다. 지금 우리는 별 세계를 여행하기 위해 돛을 올릴 준비를 하고 있다.

8. 시간과 공간을 가르는 여행

커다란 바위가 서로 부딪쳐 깨지고 그 조각들이 다시 파도에 부대껴 고운 모래가 되기까지 얼마나 긴 세월이 흘렀을까? 태양과 달은 그 오랜 세월 동안 잠시도 쉬지 않고 밀물과 썰물이 들어오고 나가도록 중력을 작용했을 것이다. 기후 변화에 따른 풍화작용도 바위를 깨트려 모래로 만드는 일을 도왔겠지만 세월의 도움 없이는 해변의 모래사장이 만들어질 수 없었을 것이다.

바닷가의 모래사장은 우리에게 시간의 흐름을 실감하게 하고, 우리가 상상할 수 없는 긴 시간이 세상을 만들어 왔다는 것을 세삼 깨닫게 해 준다. 모래 한 줌에는 1만 개가 넘는 모래알이 들어 있다. 이는 맨눈으로 볼 수 있는 별들의 숫자보다 많은 수이다. 그러나 실제 별들의 숫자는 우리가 볼 수 있는 별들의 숫자보다 훨씬 많다. 우리는 가까이 있는 별들만 보고 있는 것이다.

고대의 천문학자들과 점성술사들은 하늘에 보이는 별들을 이리저리 이어 여러 가지 모양을 만들고 거기에다 그럴 듯한 이름을 붙였다. 이렇게 해서 생긴 것이 별자리이다. 그러나 별자리는 같은 방향으로 보이는 별들을 이어서 만든 것이어서 별 사이의 실제 거리는 아주 멀다. 지구 곳곳에서 본 별자리 모양이 모두 같은 것은 별까지의 거리가 지구 크기에 비해 훨씬 멀기 때문이다.

따라서 지구에서의 측정으로는 별자리를 이루고 있는 별들의 3차원 분포를 알 수 없다. 별들 사이의 평균 거리가 3 내지 4광년이므로 별들이 배치된 상태를 관측하려면 몇 광년은 움직이면서 살펴보아야 한다. 그러나 우리의 기술로는 이런 먼 거리를 짧은 시간 동안에 여행할 수 없기 때문에 현재는 컴퓨터 시뮬레이션을 이용하여 관측지점에 따라 별자리 모양이 어떻게 달라지는지를 알아보는 것이 고작이다.

앞으로 수 세기가 지나면 우주선을 타고 달리면서 별자리 모습이 달라지는 것을 관측하는 것이 가능하게 될 것이다. 그러나 별자리의 모양은 공간적으로뿐만 아니라 시간적으로도 달라진다. 별들의 운동으로 별자리를 이루고 있는 별들의 위치가 달라지기 때문이다. 겨우 몇 백만 년에 불과한 인류의 역사에서도 별자리의 모양이 계속 바뀌어 왔다. 북두칠성을 컴퓨터로 그려 보면 100만 년 전에는 국자가 아니라 창과 같은 모양이었을 것이다.

태양은 매일 조금씩 별자리 사이를 움직여 1년에 하늘을 한 바퀴 돈다. 태양이 이동하는 경로를 황도라고 부르고 황도상에 있는 12개의 별자리를 황도 12궁, 또는 황도대라고 한다. 황도 12궁을 이루는 별자리는 모두 동물의 모양을 본뜬 것이어서 영어로는 zodiac이라고 부른다. zodiac은 동물원을 뜻하는 zoo에서 유래한 말이다. 그러나 황도 12궁을 이루는 별자리들의 모습도 세월이 지남에 따라 변해갈 것이다. 100만 년 후에는 사자자리의 모습이 전파 망원경처럼 보일 수도 있다.

하늘에 보이는 별자리들 중에서 사람들의 시선을 가장 많이 끄는 별자리는 겨울 밤하늘에 보이는 오리온자리이다. 오리온자리는 황도 12궁에 속하지 않는다. 오리온자리는 커다란 사각형을 이루고 있는 네 개의 밝은 별들과 이들이 만드는 사각형을 사선으로 아래위로 나누고 있는 삼태성으로 이루어진 별자리이다. 삼태성 중에서 가운데 있는 별은 사실은 별이 아니라 별들이 태어나고 있는 기체 구름인 오리온성운이다. 오리온성운에 있는 별들은 태어난 지 얼마 되지 않는 젊고 밝은 별들이다. 이들은 빠르게 진화하여 초신성 폭발을 하면서 일생을 마감할 것이다.

태양계에서 가장 가까운 곳에 있는 별은 켄타우루스자리의 알파별이다. 그런데 켄타우루스자리의 알파별은 연성을 이루고 있는 세 개의 별들로 구성되어 있다. 두 개의 별은 가까운 거리에서 서로 마주 보고 있으며, 프록시마 켄타우리는 멀리서 두 별을 돌고 있다. 이 별의 이름이 가깝다는 뜻의 프록시마인 것은 두 개의 별을 도는 동안 태양계에 가까워질 때는 모든 별들 중에서 태양에서 가장 가까운 별이 되기 때문이다. 프록시마까지의 거리는 약 4.3광년이다.

안드로메다자리의 베타별은 약 75광년 떨어져 있다. 이 별을 떠난 빛이 지구에 도달하는 데는 75년이 걸린다. 따라서 이 별을 보는 것은 75년 전의 과거를 보는 것이다. 이 별이 지금 갑자기 사라진다고 해도 우리는 75년 동안 이 별을 볼 수 있다.

따라서 이 별이 사라지는 사건은 우리에게는 75년 후에 일어날 미래의 사건이다.

이처럼 공간과 시간이 서로 얽혀 있어 시간적으로 과거를 보지 않고는 공간적으로 멀리 볼 수 없다. 75광년은 우주에서 보면 아주 짧은 거리이다. 가까이 있는 안드로메다은하까지의 거리도 200만 광년이 넘으며, 멀리 있는 퀘이사까지의 거리는 80억 광년에서 100억 광년이나 된다. 따라서 우리가 퀘이사를 보고 있다면 그것은 80억 년 전의 과거를 보고 있는 것이다.

천체들의 경우에만 시간과 공간이 얽혀 있는 것이 아니다. 같은 방에서 3미터 정도 떨어져 있는 사람을 본다면 현재 그 사람의 모습을 보고 있는 것이 아니라 1억 분의 1초 전의 그 사람의 모습을 보고 있는 것이다. 빛이 3미터를 이동하는 데 걸리는 시간이 1억 분의 1초이기 때문이다. 1억 분의 1초 동안에는 사람이 변하지 않으므로 우리가 보고 있는 사람이 현재의 그 사람이라고 할 수 있다.

그러나 퀘이사처럼 수십억 광년 떨어져 있는 천체의 경우에는 이야기가 달라진다. 은하 형성 초기에 은하핵에서 있었던 격렬한 폭발을 우리는 오늘날 퀘이사로 관측하고 있는 것이다.

따라서 더 멀리 바라볼수록 더 많은 퀘이사를 볼 수 있다. 실제로 50억 광년보다 멀어지면 발견되는 퀘이사의 수는 급격하게 증가한다.

지금까지 지구에서 발사된 물체 중에서 가장 빠른 속력으로 우주를 향해 날아가고 있는 보이저 탐사선은 빛 속력의 1만 분의 1의 속력으로 달리고 있다. 보이저 탐사선이 가장 가까운 거리에 있는 켄타우루스자리의 알파별까지 가는 데는 약 4만 년이 걸릴 것이다.

어린 시절 베른슈타인이 쓴 『대중을 위한 자연과학』이라는 책을 읽은 아인슈타인은 빛의 속력으로 달리는 우주선을 타고 여행한다면 세상이 어떻게 보일는지에 대해 심각하게 고민하기 시작했다. 빛의 속력으로 달리기 시작하면 이런저런 모순들이 나타난다. 우리는 살아가면서 깊이 생각하지 않고 당연한 진리로 받아들이는 일들이 많이 있다. 예를 들어 우리가 "두 사건이 동시에 발생했다."라고 말했을 때 우리는 동시가 무슨 의미인지를 알고 있다고 생각한다.

그러나 시간과 공간이 얽혀 있는 세상에서는 동시라는 의미를 다시 생각해 보아야 한다. 아인슈타인이 동시성에 대해 의

문을 갖기 시작한 것은 그가 고등학교에 다닐 때부터였다. 빛의 속력과 비교할 수 있을 정도로 빠르게 운동하고 있는 경우에는 내가 동시에 일어난 사건이라고 관측한 것을 다른 속력으로 운동하고 있는 사람은 다른 시간에 일어난 사건으로 관측할 수 있다.

빠른 속력으로 달릴 때 발생하는 이런 모순을 피해서 세상을 제대로 이해하려면 반드시 지켜야 할 자연의 규칙을 몇 가지 알아야 한다. 아인슈타인은 이 규칙들을 특수상대성이론으로 정리했다. 그런 규칙들 중 하나는 모든 관측자에게 빛의 속력은 일정하며, 질량을 가지고 있는 물체는 빛보다 빨리 달릴 수 없다는 것이다.

19세기까지 유럽의 과학자들은 대부분 빛을 전달해 주는 에테르라는 매질이 우주 공간을 채우고 있다고 믿었고, 이 에테르가 물체의 운동을 관측하는 절대 좌표계로 사용될 수 있을 것이라고 생각했다. 하지만 미국의 마이컬슨과 몰리가 실험을 통해 에테르가 존재하지 않는다는 것을 밝혀냈다. 아인슈타인도 에테르의 존재를 받아들이지 않았다.

아인슈타인의 두 번째 규칙은 자연법칙은 일정한 속도로 달리고 있는 모든 기준계에서 동일하다는 것이었다. 우주에는 정지해 있는 장소라든가 우주를 관측하기에 더 좋은 특별한 장소가 존재하지 않는다는 것이다. 이 두 가지 규칙으로 인해 우리는 소리의 속력보다 더 빠른 속력으로 날아가는 비행기를 만들 수는 있지만 빛보다 빨리 달릴 수 있는 로켓을 발명할 수는 없다.

우리는 빛보다 빠르게 움직이는 것이 있다는 주장을 종종 들을 수 있다. 예를 들면 텔레파시 같은 것이 그런 것이다. 그러나 빛보다 빠른 속력으로 전파되는 신호는 어디에도 없다. 특수상대성이론에 의하면 빠르게 달리면 시간이 천천히 가고, 길이는 짧아지며, 질량은 증가한다. 특수상대성이론의 이런 이상한 예측들은 모두 실험을 통해 증명되었다. 매우 정확한 시계를 비행기에 실어서 옮기면 지상에 정지해 있는 시계보다 천천히 간다. 입자 가속기는 입자의 속력이 증가함에 따라 질량이 증가하는 것을 고려하여 설계된다. 그렇지 않으면 입자 가속기가 제대로 작동하지 않는다.

핵융합로가 만들어지면 광속에 가까운 속력으로 여행하는 것도 가능해질 것이다. 이런 우주선을 타고 달려가면 6광년 떨어져 있는 버나드 별까지 약 8년 후면 도착할 수도 있다. 이런 방법으로 여행하면 은하수은하의 중심까지는 21년에 도달할 수 있고, 안드로메다은하에는 28년이면 도착할 수 있다. 그러나 지상에 있는 사람들이 지상의 시계로 측정한 시간은 21년이 3만 년이 될 것이다. 이론적 계산에 의하면 빛의 속력에 아주 가까이 접근한 속력으로 달리면 56년이면 우주를 한 바퀴 돌 수도 있다. 그러나 이것은 지구인의 시간으로 수백 억 년에 해당된다.

우주여행은 공간뿐만 아니라 시간과도 밀접한 관계를 가지고 있다. 우리는 미래로 여행함으로써 공간 속을 움직여 갈 수 있다. 우주여행은 시간과 공간을 가로지르는 여행이다. 그렇다면 과거로의 여행도 가능할까? 대부분의 물리학자들은 미래로의 여행은 가능하지만 과거로의 여행은 가능하지 않다고 믿고 있다.

일부 물리학자들은 역사를 달리하는 수많은 우주들이 나란히 존재한다고 믿고 있다. 우주들은 모두 독립적이기 때문에 우리는 다른 우주를 관측할 수 없다.

어쩌면 우주는 수많은 차원을 가지고 있지만 우리는 그중 단

하나의 차원과 연결된 세상에서 살아가고 있는지도 모른다. 과거로 돌아가 과거를 바꾼다면 우리는 우리가 살아온 우주와는 다른 시간 차원의 우주로 들어가게 될는지도 모른다. 이런 시간 여행이 가능하다면 우리가 경험한 역사와는 또 다른 역사가 존재할 수도 있을 것이다.

이오니아 정신이 계속 발전했다면 우리는 지금 성간 여행이 가능한 우주에 살고 있을는지도 모른다. 어쩌면 별 세계 탐사를 마친 우주선들이 이미 지구로 귀환했을 수도 있으며, 성간 여행을 위한 거대한 선단이 지구 둘레의 위성 궤도에서 만들어지고 있을지도 모른다. 그러나 우리가 살아가고 있는 시간 차원의 지구에서는 진보가 느리게 진행되고 있어 앞으로 100년이나 200년 후가 되어야 태양계 탐사가 어느 정도 마무리 되고, 성간 여행을 준비할 기술적, 물질적, 정신적 준비를 끝내게 될 것이다.

우주에 얼마나 많은 외계 행성계가 존재하는지는 알 수 없다. 그러나 그동안의 관측으로 외계 행성계가 많이 발견되었다. 어떤 행성은 생명체가 살아가기에 적당한 환경을 가지고 있을 것이고 어떤 행성은 그렇지 않을 것이다. 어떤 행성은 아름다울 것이고 어떤 행성은 지옥과 같은 모습일 것이다. 그러나 지구와 완전하게 같은 행성은 없을 것이다. 따라서 그런 행성에 외계 생명체가 존재한다고 해도 지구 생명체와 같지는 않을 것이다. 지구 생명체는 지구 환경이 오랜 시간 동안 만들어낸 결과물이기 때문이다.

시간과 공간은 밀접하게 얽혀 있기 때문에 어떤 관점에서 보느냐에 따라 시간이 전혀 다른 의미를 가진다. 별이나 행성과 천체들도 우리 인간들처럼 태어나서 성장하고 죽어간다. 인간의 수명은 100년 정도인 데 반해 태양의 수명은 100억 년이나 된다. 별들의 일생과 비교하면 사람의 일생은 하루살이에 불과하다. 하루살이의 입장에서 보면 인간은 아무것도 하지 않고 시간만 보내는 무료한 존재로 보이겠지만, 별들의 입장에서 보면 인간은 별의 일생의 10억 분의 1도 안 되는 짧은 시간 반짝하고 사라지는 존재로 보일 것이다.

현재 인류는 2,500년 전 이오니아 학자들이 신비주의와 대결을 시작할 때와 같이 우주라는 더 넓은 세상으로 진출하기 시작하는 역사적 전환점에 서 있다. 우리가 지금 어떻게 하느냐에 따라 우리 후손들의 운명이 좌우될 것이다.

9. 별들의 삶과 죽음

1910년을 전후해 영국 케임브리지대학에서 행해진 실험을 통해 원자가 세상에 모습을 드러냈다. 과학자들은 원자를 향해 다른 원자들을 쏘아 충돌시켰을 때 총알 원자들이 어떻게 튕겨 나가는지를 조사하여 표적 원자의 내부구조를 알아냈다. 원자의 외곽은 전하를 띤 입자인 전자들로 둘러싸여 있고, 원자의 깊숙한 곳에는 원자핵이 자리 잡고 있다.

양전하를 띤 양성자와 중성자들로 이루어져 있는 원자핵의 크기는 원자 크기의 10만 분의 1에 지나지 않지만 원자 질량의 대부분은 원자핵에 들어 있다. 원자는 먼지 같은 전자 몇 개가 넓은 공간을 떠돌고 있는 텅 빈 공간이다. 텅 빈 원자가 찌그러들지 않고 단단한 물질을 만드는 것은 전자들 사이에 작용하는 전기적 척력 때문이다. 우리 주위에 있는 물체들을 만드는 힘은 전기적 상호작용이다.

우리 몸을 구성하는 원자들의 총수는 대략 10^{28}개 정도이며, 관측 가능한 우주에 들어 있는 양성자, 중성자, 전자와 같은 입자들의 총 수는 10^{80}개 정도 된다. 우주를 중성자로 가득 채우려면 10^{128}개의 중성자가 필요하다. 애플파이를 태운 숯을 90번 자르면 탄소 원자를 만날 수 있다. 탄소의 원자핵은 여섯 개의 중성자와 여섯 개의 양성자로 이루어져 있다. 탄소 원자를 자르면 이제 더 이상 탄소가 아니다. 그러나 입자 가속기를 이용해 양성자를 잘라보면 그 안에 더 작은 입자들이 들어 있다는 것을 알 수 있다. 이 입자들의 이름은 쿼크이다. 쿼크를 더 쪼갤 수 있는지는 아직 모른다.

원자를 다른 원자로 변환시키는 것은 오랫동안 연금술사들의 꿈이었다. 연금술사들 중에는 사기꾼들이 많았지만 파라켈수스나 로버트 보일, 그리고 아이작 뉴턴 같이 연금술을 진지하게 연구한 사람들도 있었다. 안티몬, 인, 수은과 같은 원소들은 연금술 실험을 통해 발견되었다. 현대 화학은 연금술사들의 실험실에서 시작되었다. 자연은 92가지 원소들로 이루어져 있다. 원자는 양성자의 수에 따라 원자 번호가 매겨져 있다. 수소가 1번이고 우라늄이 92번이다. 현대 물리학과 화학은 세상을 양성자, 중성자, 전자의 세 가지 입자로 환원시켜 놓았다.

마이너스 전하를 띤 전자들이 플러스 전하를 띤 원자핵과 결합하여 원자를 만드는 것은 전기적 인력 때문이다. 그러나 양성자들 사이에는 전기적 척력 외에 핵력이라는 또 다른 힘이 작용하고 있다. 아주 짧은 거리에서만 작용하는 핵력은 양성자들과 중성자들을 좁은 원자핵 안에 가두기에 충분할 만큼 강하다. 두 개의 양성자와 두 개의 중성자를 가지고 있는 헬륨 원자핵은 매우 안정적인 원자핵이다.

헬륨 원자핵 세 개가 모이면 탄소 원자핵이 되고, 네 개가 모이면 산소 원자핵, 다섯 개가 모이면 네온 원자핵, 여섯 개가 모이면 마그네슘 원자핵이 된다. 일곱 개가 모이면 규소 원자핵, 그리고 여덟 개가 모이면 황의 원자핵이 된다. 원자핵에 적당한 수의 양성자와 중성자를 더하거나 빼면 다른 원자핵을 만들 수 있다. 수은의 원자핵에서 양성자 하나와 중성자 세 개를 빼면 금 원자핵이 된다. 연금술사들이 그토록 원했던 것이 바로 이것이었다.

우주를 구성하고 있는 물질을 이루는 원자들의 99%는 수소와 헬륨이다. 수소와 헬륨 원자핵은 빅뱅의 열기 속에서 만들어졌다. 그러나 빅뱅 시에는 우주가 팽창하면서 너무 빨리 식어 버려 무거운 원소들이 만들어지지 못했다. 수소나 헬륨보다 큰 원소들은 별 내부에서 핵융합 반응을 통해 합성되었다.

태양의 표면 온도는 6,000° 정도지만 내부는 1570만°에 이른다. 이런 조건에서는 수소가 헬륨으로 변하는 핵융합 반응이 일어날 수 있다.

태양과 같은 별들은 성간 구름이 중력에 의해 수축하면서 만들어졌다. 많은 질량이 수축함에 따라 내부의 온도가 1000만°까지 올라가면 수소가 헬륨으로 변하는 핵융합 반응이 시작되어 스스로 빛을 내는 별이 된다. 핵반응이 시작되어 에너지를 방출하기 시작하면 높은 온도에 의해 팽창하려는 압력과 중력에 의해 안쪽으로 가해지는 압력이 균형을 이루어 더 이상의 수축이 일어나지 않는다. 내부에서는 매초 4억 톤의 수소가 헬륨으로 전환되는 핵융합 반응이 일어나고 있는 태양은 현재 그런 상태에 있다.

태양 내부에서 이루어지고 있는 핵융합 반응 시에는 가시광선뿐만 아니라 중성미자도 만들어진다. 중성미자는 지구나 태양을 구성하는 물질을 자유롭게 통과할 수 있다. 태양 내부의 핵융합 반응에서 만들어진 빛이 태양을 빠져나오는 데는 100만 년이 걸리지만 중성미자는 빛의 속력으로 태양을 빠져나온다. 낮에 태양을 1초만 올려다 보아도 약 10억 개의 중성미자가 우리 눈을 통과해 지나가고, 한밤중에는 지구를 통과한 비슷한 수의 중성미자가 우리 눈을 통과해 우주로 날아간다.

과학자들은 아주 드물게 중성미자가 염소 원자를 아르곤 원자로 변환시킨다는 사실을 알아냈다. 따라서 엄청난 양의 염소를 이용하면 중성미자를 검출할 수 있다. 미국의 사우스다코타 주에 있는 홈스테이크 광산의 지하 깊숙한 곳에 커다란 탱크를 설치하고 세탁에 사용하는 테트라클로로에틸렌C_2Cl_4으로 채운 다음 새로 생긴 아르곤 원자를 찾아내고 있다. 손쉽게 중성미자를 검출할 수 있는 망원경이 개발된다면 태양은 물론이고 멀리 있는 별들의 내부도 직접 들여다볼 수 있을 것이다.

별들은 대개 하나씩 개별적으로 만들어지는 것이 아니라 거대한 성간운에서 여러 개의 별들이 한꺼번에 태어난다. 성간운에서 태어난 별들은 요람에서 나와 여기저기로 흩어진다. 나이가 먹을수록 한꺼번에 태어난 별들 사이의 거리가 멀어져 다시는 만날 수 없게 된다. 약 50억 년 전에 태양도 십여 개의 형제들과 함께 태어났을 것이다. 하지만 태양의 형제들이 현재 어디에 있는지는 알 수 없다.

별의 일생은 별이 얼마나 많은 질량을 가지고 태어나느냐에 따라 달라진다. 태양은 앞으로 50억 년에서 60억 년 정도 지나면 중심부의 수소가 고갈되어 핵융합 반응이 중지될 것이다. 핵반응이 중지되면 중력에 의해 수축되면서 중심부의 온도가 올라가 헬륨 원자핵이 탄소와 산소의 원자핵으로 바뀌는 핵융합 반응을 시작하게 된다.

새로운 핵융합 반응에 의해 공급된 많은 에너지로 인해 태양이 빠르게 팽창하면서 표면의 온도가 급격하게 내려가 태양이 적색거성으로 바뀐다. 적색거성이 된 태양은 수성과 금성을 삼켜 버리고 지구까지 품안에 넣어 버릴 것이다. 그러나 지구에 재앙이 닥치기 오래전에 인류는 이미 다른 형태의 생명체로 진화해 있을 것이다. 우리 후손들은 태양의 진화과정을 늦출 수 있는 능력을 가지고 있을지도 모르고, 위험해진 지구를 버리고 안전한 곳으로 떠나 버렸을 수도 있다.

태양의 중심부가 탄소와 산소로 가득 차면 더 이상의 핵융합 반응이 일어나지 않을 것이다. 핵융합 반응이 중지되면 태양은 다시 중력 수축을 시작해 한 숟가락 부피의 질량이 1톤이 될 때까지 수축할 것이다. 이런 상태의 별을 우리는 백색왜성이라고 부른다. 백색왜성이 된 태양은 서서히 식어가서 결국은 빛을 내지 못하는 흑색왜성이 되어 우주에서 그 모습을 감출 것이다.

적색거성과 백색왜성이 연성을 이루고 있는 경우, 적색거성으로부터 물질이 날아가 백색왜성 표면에 쌓인다. 백색왜성에 쌓인 질량이 어느 정도 되어 온도가 올라가 핵융합 반응이 발화되면 다시 밝게 빛난다. 이런 별이 신성이다.

중국인들은 1054년 7월 4일에 있었던 게성운의 초신성 폭발을 관측한 기록으로 남겼고, 남아메리카의 아나사지족은 반달과 함께 초신성을 그린 그림을 남겼다. 은하에서는 평균 100년에 한 번 정도로 초신성 폭발이 일어난다. 은하의 나이를 대략 100억 년이라고 보면 그동안 1억 개의 초신성 폭발이 있었을 것이다. 인류 역사에 기록된 초신성 폭발은 1054년에 관측된 게성운, 1572년에 관측된 티코의 초신성, 1604년에 관측된 케플러의 초신성이 있다. 천문학자들의 기대와는 달리 우리은하 내에서는 더 이상의 초신성 폭발이 관측되지 않았다. 그러나 다른 은하에서는 초신성 폭발이 많이 관측되었다.

초신성 폭발이 일어나기 위해서는 규소의 핵융합으로 철로 이루어진 중심핵이 만들어져야 한다. 중심부의 압력이 높아지면 전자들이 더 이상 견디지 못하고 양성자와 결합해 중성자가 된다. 중성자로 전환된 별의 핵은 부피가 아주 작아진다. 이에 따라 맹렬하게 안쪽으로 밀려들던 물질이 중심핵과 충돌한 후 다시 밖으로 튕겨나가게 된다. 이것이 초신성 폭발이다. 초신성이 폭발하면 수천억 개의 별들로 이루어진 은하 전체가 내는 에너지보다 더 많은 에너지를 일시에 방출한다.

초신성 폭발 시에는 별 내부에서 일어나는 핵융합 반응으로는 만들어질 수 없는 철보다 무거운 원소들이 만들어진다. 초신성 폭발은 별의 내부에서 핵융합 반응을 통해 만들어진 원소들과 초신성 폭발 시에 만들어진 무거운 원소들을 우주로 흩어 놓는 역할도 한다. 무거운 원소들이 우주로 흩어져야 그곳에서 무거운 원소를 많이 포함하고 있는 다음 세대 별들과 행성들이 만들어질 수 있다. 따라서 초신성 폭발은 지구에 무거운 원소들로 이루어진 생명체가 존재하기 위해 꼭 필요한 과정이다.

초신성이 폭발하고 나면 중심에는 중성자로 이루어진 중성자성이 남게 된다. 중성자성은 빠르게 회전하면서 전자기파를 방출한다. 이런 전자기파를 지구에서 관측한 것이 펄서이다. 중성자성을 구성하는 물질은 한 숟가락 부피의 질량이 산 하나의 질량과 맞먹는다. 태양 크기의 별은 적색거성 단계를 거쳐 백색왜성으로 일생을 마감하지만 질량이 태양의 2배에 이르면 일생의 마지막 단계에 초신성 폭발을 일으켜 중성자성을 남기고 일생을 마친다.

그러나 이보다 훨씬 많은 질량을 가지고 있는 별들은 이들과는 전혀 다른 형태로 일생을 마친다. 초신성 폭발을 한 후 중심에 남은 질량이 태양 질량의 2.5배 이상이면 자연에는 이 별의 중력 붕괴를 막을 방법이 없다. 그렇게 되면 별은 우리 시야에서 사라질 때까지 수축한다. 태양 질량의 20배 질량을 가지고 있는 별이 미국 로스앤젤레스시 정도로 수축하면 중력 가속도가 $10^{10}g$가 된다. 그렇게 되면 빛마저도 빠져 나올 수 없다. 이런 천체가 블랙홀이다.

1971년에 우후루라는 이름의 인공위성이 크기가 기껏해야 300킬로미터를 넘지 않은 작은 천체인 백조자리 X-1이 강력한 엑스선을 방출하고 있다는 것을 발견했다. 천문학자들은 백조자리 X-1이 청색 초거성의 눈에 보이지 않는 동반성으로 태양 질량의 10배나 되는 질량을 가지고 있음을 확인했다. 동반성으로부터 맹렬한 속력으로 블랙홀로 빨려 들어가고 있는 물질이 강력한 엑스선을 내고 있었던 것이다. 그 후 하늘에서 강력한 엑스선원이 많이 발견되었다. 새로운 중력이론이라고 할 수 있는 아인슈타인의 일반상대성이론에서는 블랙홀을 시공간에 파여 있는 바닥 없는 우물이라고 설명한다.

별 내부에서 만들어진 원소들과 초신성 폭발 시에 합성된 원소들이 포함된 성간운에서 다음 세대의 별들이 탄생한다. 우리를 구성하고 있는 원소들은 모두 별 내부에서 만들어졌다. 따라서 별은 우리 모두의 고향이다. 생명의 기원과 진화는 별과 긴밀하게 연결되어 있다. 지구에서 발견되는 방사성 동위원소들은 태양이 태어나기 전에 부근에서 초신성 폭발이 있었음으로 나타낸다.

초신성 폭발은 지구와 생명체를 이루는 무거운 원소를 제공하고, 충격파로 태양계 탄생을 촉발시켰을 것이다. 태양계가 만들어진 후에는 태양 내부에서 일어나고 있는 핵융합 반응이 지구 생명체들이 살아가는 데 필요한 에너지를 공급하고 있다.

지구상에 존재하는 모든 생명체들은 생명체를 구성하는 물질을 우주에서 공급받았을 뿐만 아니라 살아가는 데 필요한 에너지도 우주에서 공급받고 있다. 그런가 하면 우주에서 오는 고에너지 우주 복사선이 지구 생명체의 돌연변이를 촉발시켜 생명체 진화의 촉매제 역할을 하고 있다. 우주는 모든 가능성이 있는 장소이다. 우리는 우주가 가지고 있는 신비의 한 자락을 벗겨내기 위한 노력을 시작하고 있다. 우리 앞에 얼마나 더 많은 놀라운 일들이 펼쳐질지 모를 일이다.

10. 영원의 벼랑 끝

우주는 128억 년 전에 있었던 빅뱅으로부터 시작되었다. 빅뱅이 왜 일어났는지는 우주가 가지고 있는 신비 중의 신비이다. 그러나 여러 가지 관측 증거로 볼 때 빅뱅이 있었던 것은 확실하다. 빅뱅의 순간에는 우주를 구성하고 있는 모든 것들이 상상할 수 없는 높은 밀도로 모여 있었다. 빅뱅 후 우주가 팽창함에 따라 온도가 내려가자 처음에는 쿼크가 만들어졌고, 다음에는 쿼크들이 결합하여 양성자와 중성자가 만들어졌다. 그리고 양성자와 중성자가 결합하여 헬륨 원자핵이 만들어졌다. 우주는 한때 수소 원자핵인 양성자, 헬륨 원자핵, 전자, 그리고 빛으로 이루어진 불투명한 우주였다.

처음에는 물질이 우주 전체에 균일하게 분포해 있었지만 차츰 밀도가 높은 부분과 밀도가 낮은 부분이 나타나기 시작했다. 밀도가 높은 부분을 중심으로 모여든 물질들이 원시은하인 거대한 기체 구름을 형성하게 되었다. 중력 수축이 진행됨에 따라 원시은하의 회전 속력은 점점 더 빨라졌다. 회전축 방향으로는 원심력에 의해 수축이 방해를 받지만, 다른 방향에서는 더 빨리 수축하기 때문에 결국 회전하는 원반을 이루게 된다. 빠르게 회전하는 원반은 나선은하로 발전했다.

회전 속력이 느렸거나 회전하지 않던 기체 구름에서는 타원은하가 만들어졌다. 원시은하 내부의 여기저기에서는 성간운들이 중력 수축을 통해 별을 탄생시키는 작업이 진행되고 있었다. 빅뱅에서 은하단, 은하, 별, 행성으로 이어지고, 결국 행성에서 생명체가 출현하게 되었다.

오늘날 우주에는 수많은 은하단들이 있다. 여남은 개의 은하들이 모여 만들어진 은하단에서부터 수만 개의 은하들이 모여 만들어진 은하단까지 크기나 형태가 다양한 은하단들이 관측되었다. 우리은하는 국부은하군이라고 부르는 소규모은하단에 속해 있는데 여기에 속한 은하 중에는 안드로메다은하와 우리은하만이 그럴 듯한 은하이고 나머지는 모두 왜소은하들이다.

우주에는 수천억 개에 이르는 다양한 모양의 은하들이 존재한다. 매우 규칙적인 모양을 하고 있는 것이 있는가 하면 규칙성을 전혀 찾아볼 수 없는 것도 있다. 나선은하 중에는 중심에 있는 막대 모양의 구조 끝에서 나선이 뻗어 나온 막대나선은하도 있다. 그런가 하면 태양 질량의 1조 배가 넘는 많은 질량을 가지고 있는 점잖은 모습의 거대타원은하도 있다.

은하들 중에는 태양 질량의 100만 배에 불과한 왜소나선은하가 가장 많다. 정체를 알 수 없는 불규칙은하들도 많이 발견되었다. 불규칙은하는 그 모습이 다양해서 그 안에서 무슨 일이 벌어지고 있는 것이 아닌가 하는 생각을 갖게 한다. 은하들도 연성을 이루는 별들처럼 서로 돌거나 은하단 중심으로 별처럼 궤도 운동을 한다. 어떤 경우에는 기체와 별들의 흐름이 두 은하를 연결하기도 한다.

은하들이 구형으로 분포해 있는 은하단은 주로 타원은하들로 이루어져 있고, 중심에 거대타원은하가 있는 경우가 많다. 거대타원은하의 존재는 은하들 사이에 충돌과 합병이 많았다는 것을 나타낸다. 구형이 아닌 은하단에는 나선은하와 불규칙 은하가 많이 분포하고 있다. 은하들 사이의 충돌로 인해 구형 분포가 흐트러졌을 가능성이 크다.

두 은하가 충돌하는 경우 성간운들은 서로 충돌하여 높은 온도로 가열될 수 있지만 별들 사이의 충돌은 거의 일어나지 않을 것이다. 그럼에도 불구하고 중력적 상호작용을 통해 은하의 전체적인 모습이 크게 달라진다. 은하들이 충돌하는 과정에서 많은 별들이 우주 공간으로 날아가 버리기도 하고, 별들이 흩어져 은하가 사라져 버리기도 한다. 그런가 하면 큰 은하와 작은 은하가 충돌하는 경우 지름이 수천만 광년에 이르는 거대한 고리가 만들어지기도 한다.

수천만 광년 또는 수억 광년 떨어진 곳에서 엑스선, 적외선, 전파를 강력하게 방출하는 복사원들이 많이 발견되었다. 이들은 중심핵 부분이 유난히 밝게 빛날 뿐만 아니라 몇 주의 시간 간격으로 밝기가 불규칙하게 변한다. 그중 어떤 것은 길이가 수천 광년에 달하는 빛줄기를 뿜어내기도 한다. 천문학자들은 이런 은하의 내부에서는 대규모 폭발이 일어나고 있다고 믿고 있다. 밝기 변화와 주기를 이용해 계산한 이 지역의 크기는 태양계보다 작다. 과학자들은 거대타원은하의 중심에는 태양 질량의 수백만 배에서 수십억 배에 이르는 거대 블랙홀이 자리 잡고 있을 것이라고 보고 있다.

퀘이사라고 부르는 천체들이 발견되었을 때는 강한 전파를 내는 별과 비슷한 천체라는 뜻으로 퀘이사라고 불렀지만 도플 러효과 측정을 통해 이들이 아주 멀리 떨어져 있는 우주 초기에 만들어진 은하의 핵이라는 것이 밝혀졌다. 이들 중에는 빛 속력의 90%나 되는 빠른 속력으로 멀어지고 있는 것도 있다. 이렇게 멀리 떨어져 있으면서도 밝게 보이는 것은 이들이 실제로도 매우 밝은 천체라는 것을 뜻한다.

이들 중에는 1,000개의 초신성이 동시에 폭발할 때만큼 밝은 것도 있다. 겉으로 보기에는 조용하고 점잖아 보이는 우리은하의 중심부에서도 심상찮은 일들이 벌어지고 있다. 과학자들은 우리은하의 중심에서 벌어지는 소동이 중심에 자리 잡고 있는 거대 블랙홀 때문이라고 믿고 있다.

별이 은하를 도는 속력과 나선팔이 은하의 중심을 도는 속력은 같지 않다. 따라서 별들은 나선팔에 들어갔다 나왔다 하면서 은하 중심을 돌고 있다. 태양이 은하의 중심을 도는 속력은 시속 72만킬로미터이고 초속으로는 200킬로미터이다. 그러나 은하 중심까지의 거리가 2만 5000만 광년이나 되기 때문에 공전 주기는 2억 5000만 년이나 된다. 태양의 나이가 대략 50억 년이므로 태양은 은하 중심을 20번 정도 돈 셈이다.

태양이 은하의 나선팔 안에 머무는 시간이 약 4000만 년이고, 다음 나선팔을 만날 때까지는 약 8000만 년을 나선팔 사이의 공간에서 보낸다. 태양은 현재 나선팔과 나선팔 사이를 지나는 중이다. 과학자들 중에는 태양의 주기적인 나선팔 통과가 지구 역사에 있었던 사건들과 연관이 있을 것이라고 생각하는 사람들도 있다. 그런 사람들은 태양이 암흑 성운을 통과하는 동안 빙하기가 발생했다고 주장하기도 한다.

과학자들 중에는 태양계 행성들 주위에서 발견되는 고리들과 소행성, 그리고 위성들의 많은 부분이 암흑 성간운 안에서 자유롭게 떠돌다가 태양계에 붙잡힌 물질로 이루어졌다고 주장하는 사람들도 있다. 실제로 그럴 가능성이 크지는 않지만 재미있는 발상이다. 이것을 확인하는 것은 간단하다.

화성의 위성이나 소행성에서 시료를 채취한 뒤 시료에 포함되어 있는 방사성 동위원소의 비율을 조사해 보면 된다. 방사성 동위원소의 비율은 그 천체가 처음 만들어진 곳에 따라 달라진다. 따라서 다른 곳에서 만들어진 천체라면 방사성 동위원소의 비율이 달라야 한다. 태양계 곳곳에서 채취한 시료의 방사성 동위원소 비율을 측정하면 태양계를 만들고 있는 물질이 한 장소에서 유래했는지 아니면 여러 다른 장소에서 만들어진 것인지 알 수 있을 것이다.

우주가 팽창하고 있다는 것을 알게 된 것은 은하에서 오는 스펙트럼의 도플러효과 측정을 통해서였다. 도플러효과는 일상생활에서도 쉽게 경험할 수 있다. 앰뷸런스가 다가오면서 경적을 울리면 높은 소리로 들리고 멀어지면서 낮은 소리로 들리는 것이 도플러효과이다. 빛의 경우에도 소리의 경우와 마찬가지로 도플러효과가 나타나서, 다가오는 광원이 내는 빛은 파장이 짧은 파란색 쪽으로 편이가 일어나고(청색편이), 멀어지는 광원이 내는 빛은 파장이 긴 붉은색 쪽으로 편이가 일어난다(적색편이). 그런데 멀리 있는 은하에서 오는 빛들은 모두 적색편이를 보인다는 것으로 밝혀졌다. 그것은 은하들이 우리로부터 멀어지고 있다는 것을 의미한다.

현대 천문학은 은하에서 오는 빛의 도플러효과를 정밀하게 측정하면서 시작되었다. 에드윈 허블과 그의 조수였던 밀턴 휴메이슨은 은하에서 변광성을 찾아내 은하까지의 거리를 측정하고 도플러효과를 이용하여 이 은하가 멀어지는 속력을 측정했다. 휴메이슨은 윌슨산 천문대의 장비들을 실어 나르는 노새를 모는 일부터 시작해 천문학자가 된 사람이었다. 허블과 휴메이슨의 측정결과는 은하까지의 거리와 은하가 멀어지는 속력이 비례한다는 것을 나타내고 있었다.

과학자들은 이러한 관측 결과를 설명하기 위해 여러 가지 가설을 제안했다. 은하들이 멀어지는 것은 우주가 팽창하기 때문이라고 주장하는 사람들도 있었지만, 적색편이는 빛이 강력한 중력장을 탈출할 때도 나타나기 때문에 적색편이만으로 우주가 팽창하고 있다고 할 수 없다고 주장하는 사람들도 있었다. 그런가 하면 은하 내부에서 일어나고 있는 폭발에 의해 적색편이가 나타난다고 주장하는 사람들도 있었다.

그러나 관측 결과를 모두 설명할 수 있는 모형은 팽창하고 있는 우주 모형이었다. 우주가 팽창하고 있다는 또 다른 증거도 발견되었다. 빅뱅 시에 만들어진 빛의 잔광인 우주배경복사가 그것이다. 우주배경복사는 우주가 팽창하면서 식어서 현재는

2.7K 복사선으로 관측되고 있다. 따라서 우주가 팽창하고 있다는 주장이 널리 받아들여지게 되었다. 우주가 팽창하고 있다는 것은 과거의 우주가 오늘날의 우주보다 작았음을 뜻한다.

그렇다면 우주에는 시작이 있어야 한다. 따라서 우주가 과거 특정한 시기에 시작되었다는 빅뱅이론이 제안되었다. 그러나 빅뱅이론이 옳다면 우리는 또 다른 어려운 질문들을 만나게 된다. 빅뱅 이전에는 어떤 상태였으며 빅뱅은 왜 일어났을까? 어떻게 아무 것도 없는 텅 빈 공간에서 빅뱅이 시작되었을까?

우리는 아직 이런 질문에 대답할 수 없다. 많은 문화에서는 우주의 시작과 관련된 문제는 신에게 떠넘긴다. 그러나 그것은 신이 어떻게 존재하게 되었는지를 설명해야 하는 또 다른 문제를 제기하기 때문에 완전한 해답이라고 할 수 없다.

우리가 살아가고 있는 우주가 영원히 팽창하는 열린 우주일지, 아니면 팽창을 중단하고 다시 수축하게 될 닫힌 우주일는지를 결정하는 것은 우주 안에 포함되어 있는 물질의 양이다. 물질 사이에 작용하는 중력은 팽창속력을 느리게 만들기 때문에 우주가 많은 물질을 포함하고 있으면 팽창을 멈추고 다시 수축할 것이라고 생각했다. 그러나 최근의 관측결과에 의하면 우주가 팽창하는 속력은 점점 빨라지고 있다. 정체가 밝혀지지 않은 암흑에너지가 우주를 밀어내고 있기 때문이다.

따라서 우주가 팽창함에 따라 은하들은 하나둘씩 지평선 너머로 사라져 버릴 것이다. 그러다가 우리은하 가까이 있는 마지막까지 남아 있던 은하마저 지평선 너머로 사라지고 나면 우리은하는 우주에 홀로 남은 외로운 존재가 될 것이다. 우리은하 내에서 빛나던 별들도 모두 식어 빛을 잃고 나면 세상은 그야말로 암흑천지가 될 것이다. 이것이 영원히 팽창하는 우주의 종말이다. 물론 이런 일은 앞으로 최소한 100억 년은 더 있어야 일어날 일이므로 그것을 염려할 필요는 없을 것이다. 그러나 우주의 미래에 관심을 가지고 있는 사람들에게 이것은 너무 쓸쓸한 종말이다.

따라서 과학자들 중에는 아직도 팽창과 수축을 반복하는 진동하는 우주를 선호하는 사람들이 많다. 그러나 팽창하던 우주가 팽창을 멈추고 빅크런치를 향해 달려갔다가 새로운 빅뱅을 통해 다시 시작한다고 해도 새로운 우주는 우리 우주와는 아무 관계가 없는 우주일 것이다. 우리가 살고 있는 우주의 어떤 정보도 빅뱅의 특이점을 통과할 수 없기 때문이다.

과학자들 중에는 새로운 주장을 하는 사람들이 있다. 그들은 우주가 수많은 우주들로 이루어진 계층구조를 하고 있다고 주장하고 있다. 이러한 설명에 따르면 소립자들도 하나의 닫힌 우주들이다. 그 안에 작은 구조물들이 있고 더 아래층의 우주들이 있다. 이런 계층 구조는 위로도 끝없이 펼쳐져 있다. 우리가 살아가는 우주도 위층 우주에서 보면 하나의 소립자이다. 다른 계층에 있는 우주에도 나와 같은 생명체가 살아가고 있을까? 이런 세상에 대해 알고 싶다면 우리는 더 높은 차원에서 우리 우주를 보아야 할 것이다. 그것이 과연 가능할까?

우주는 은하와 별, 그리고 생명의 어머니인 동시에 모든 것을 파괴하는 파괴자이다. 우주는 자비롭지만은 않다. 그렇다고 우리에게 적의를 가지고 있지도 않다. 어쩌면 어머니나 파괴자는 우주 안에서 일어나고 있는 자연법칙에 따른 변화들에 우리가 붙인 이름에 불과할는지도 모른다. 우리가 어떤 이름을 붙이던 개의치 않고 우주에서는 변화가 계속 일어날 것이다.

11. 미래로 띄운 편지

더 많이 알고 있다는 것과 현명하다는 것은 같지 않다. 지적 능력은 단순히 축적된 정보의 양을 의미하는 것이 아니라 주어진 정보에서 연관성을 읽어내 판단할 수 있는 능력을 말한다. 그럼에도 불구하고 우리가 접근할 수 있는 정보의 양 자체가 우리의 지적 능력을 나타내는 하나의 척도가 될 수 있음을 부정할 수 없다. 2진법 정보 체계에서 26개의 알파벳 중 하나를 지정하는 데는 5비트의 정보가 필요하다. 따라서 이 책에 실린 정보의 총량은 10^7비트가 채 못 되며, 한 시간짜리 텔레비전 프로그램의 정보량은 10^{12}비트 정도이다.

지구상에 있는 모든 도서관에 있는 책과 그림에 저장된 정보는 10^{16} 내지 10^{17}비트 정도이다. 그중 대부분은 중복된 정보지만 이 숫자는 인류가 가지고 있는 지식의 총량을 나타낸다고 할 수 있다. 따라서 지구보다 오래된 문명이 가지고 있는 정보의 양은 10^{20} 내지 10^{30}비트 정도는 될 것이다.

지구에는 인간 외에도 놀라운 지적 능력을 가진 생명체들이 많이 있다. 지구 생명체들 중에서 가장 경이로운 생명체는 고래이다. 다 자란 흰긴수염고래의 길이는 30미터나 되고, 몸무게는 150톤에 이른다. 흰긴수염고래들은 바다 여기저기를 떠돌면서 많은 양의 바닷물을 들이마시고 거기에 포함되어 있는 미생물을 걸러 먹는다. 고래가 바다에 등장한 것은 약 7000만 년 전의 일이다.

고래들은 소리를 이용해 의사소통을 한다. 긴수염고래는 진동수가 20헤르츠인 소리를 아주 크게 낸다. 이렇게 낮은 소리는 바다에서 거의 흡수되지 않기 때문에 지구상의 가장 멀리 떨어져 있는 두 지점에서도 통신이 가능하다. 남극해에 있는 고래가 멀리 알류산 열도 부근 바다에 있는 고래와 통신이 가능하다. 고래는 바다에서 전 지구적 통신망을 구축하고 있는 것이다. 그러나 바다에 증기선이 다니기 시작하면서 고래들의 통신 거리가 크게 줄어들었다. 그리고 사람들은 발전된 기술을 이용해 고래들을 마구 잡아들이기 시작했다.

우리는 지금 외계 생명체를 찾아내기 위해 많은 노력을 기울이고 있다. 그러면서 한편으로는 우리 주변에 있는 놀라운 생명체들을 무자비하게 죽이고 있다. 고래의 DNA도 인간의 DNA와 마찬가지로 핵산으로 이루어져 있으며, 똑같은 방법으로 저장된 유전 정보를 가지고 있다. 인간과 고래뿐만 아니라 지구의 모든 생명체의 유전 정보가 같은 언어로 기록되어 있다. 그렇다면 한 생명체가 살아가는 데 필요한 정보의 양은 얼마나 될까?

바이러스 하나가 가지고 있는 정보의 양은 1만 비트 정도이다. 이 책 한 쪽에 담긴 정보량이 약 1만 비트이다. 바이러스의 유전 정보는 단순하고 치밀할 뿐만 아니라 매우 능률적이다. 바이러스보다 복잡한 박테리아가 살아가는 데는 약 100만 비트의 정보가 필요하다. 100만 비트라면 100쪽 분량의 책 한 권에 해당된다.

단세포 생물이지만 헤엄을 칠 수 있는 아메바는 500쪽 분량의 책 80권 분량에 해당하는 약 1억 비트의 정보가 필요하다. 고래나 인간이 살아가기 위해서 필요한 정보는 50억 비트 정도이다. 이는 1,000권의 책에 포함된 정보의 양과 맞먹는다. 우리 몸은 약 100조 개의 세포로 이루어져 있다. 그리고 모든 세포는 똑같은 같은 양의 정보를 가지고 있다.

모든 생명체들은 같은 유전자를 많이 공유하고 있다. 다시 말해 모든 생명체들은 세포핵 안에 다른 종류의 생명책을 가지고 있지만 그 안에 기록된 내용 중에는 같은 내용이 많다. 이것은 모든 생명체가 같은 조상으로부터 진화해 왔다는 증거이다. 생명체가 복잡해지면서 살아가는 데 필요한 반응들이 복잡해져 유전자 백과사전만으로는 이에 대처하기 어렵게 되었다. 이런 상황에 대처하기 위해 생명체들은 뇌를 발전시켰다.

뇌는 안쪽에서 바깥쪽으로 진화했다. 가장 안쪽 부분이 먼저 진화했고, 바깥쪽 부분이 나중에 진화했다. 우리 뇌의 깊숙한 곳에는 악어와 같은 파충류의 뇌가 아직 남아 있다. 뇌의 가장 바깥쪽에 있는 대뇌피질은 지금으로부터 수백만 년 전 인류가 영장류였던 시기에 생긴 부위로 의식을 담당하는 부분이다. 뇌 전체 질량의 3분의 2를 차지하고 있는 대뇌피질은 직관과 비판적 분석을 담당한다. 이곳에서 읽기와 쓰기, 그리고 수학적 추론과 작곡이 이루어진다. 인간과 다른 동물의 차별이 대뇌피질에서 시작된다. 한마디로 인류 문명은 대뇌피질의 산물이다.

뇌의 언어는 DNA의 언어와는 다르다. 우리가 알고 있는 지식은 모두 신경 세포인 뉴런이라는 언어로 기록되어 있다. 크기가 수백 분의 1밀리미터에 불과한 뉴런은 전기 화학적 스위치와 회로의 역할을 한다. 뉴런들 중에는 수천 개의 세포들과 연결된 것도 있다. 사람의 대뇌피질에는 뉴런들의 결합이 10^{14} 개 정도 포함되어 있다. 잠을 자고 있는 동안에도 뇌는 꿈과 기억과 추리의 기제를 통해 정보를 정리하고 해결한다. 우리의 생각, 지각, 심지어는 환상까지도 뉴런들의 작용으로 일어난다. 생각한다는 행위 하나도 수백 개에 이르는 전기 화학 신호 체계가 작동해서 이루어진다.

뇌는 두 개의 반구로 이루어져 있다. 오른쪽 반구는 패턴의 인식, 직관과 감수성의 발동, 창조적 통찰과 같은 일을 담당하고, 왼쪽 반구는 이성적, 분석적, 비판적 사고를 담당한다. 기본적으로 서로 상반된 기능을 수행하는 뇌의 양쪽 반구가 상호 보완함으로써 인간의 의식 작용이 가능해진다. 한쪽에서는 아이디어를 내놓고 한쪽에서는 그것의 실효성을 검증하는 것이다. 두 개의 반구는 무수한 신경다발을 통해 끊임없이 정보를 교환하고 있다. 독창적 사고와 비판적 분석이야말로 세상을 이해하는 필수적인 도구이다.

뇌가 저장하고 있는 정보량은 약 100조 비트 정도이다. 이것은 약 2000만 권의 책이 포함하고 있는 것과 같은 정보량이다. 뇌에서는 대부분의 정보를 대뇌피질에 저장한다. 뇌 도서관의 지하 공간에는 인류의 먼 조상들이 살아가는 데 필요로 했던 기능들에 관한 책들이 소장돼 있다. 읽기, 쓰기, 말하기와 같은 고차적 기능과 관련된 정보는 대뇌피질의 특정 부위에 저장되어 있다.

뇌는 기억장치 이상의 기능을 한다. 인간의 뇌는 비교, 합성, 분석, 추상화와 같은 다양한 기능을 가지고 있다. 살아남기 위해서 우리는 유전자가 제공하는 것 이상의 정보를 알아내야 한다. 뇌에 저장되는 정보의 양이 유전자에 저장된 정보의 양의 수만 배나 되는 것은 이 때문이다. 대뇌피질은 인간을 동물적 인간으로부터 해방시켜 인간을 인간답게 만든다.

인류는 살아가는 데 필요한 정보의 양이 많아지자 외부에 정보를 저장하는 방법을 발전시켰다. 인간은 외부에 정보를 저장하는 유일한 동물이다. 우리는 이 기억 대형 물류창고를 도서관이라고 부른다. 사람들의 생각을 서로 교환하거나 먼 후손에게 전달할 수 있도록 하는 글쓰기야말로 인간의 가장 위대한 발명품이다. 글쓰기가 사람들을 하나로 묶어 놓고, 먼 과거에 살았던 조상들의 생각까지 알 수 있도록 한다.

고대에는 글을 점토판에 새겼다. 오늘날 널리 사용되는 알파

벳의 먼 조상은 약 5,000년 전에 근동 지방에서 발명됐다. 2세기와 6세기 사이에는 중국에서 종이와 먹이 발명되었다. 뒤이어 목판인쇄술이 발명되었고, 1450년경에는 금속활자가 발명되었다. 금속활자가 발명되기 전에는 책을 일일이 손으로 베껴써야 했다.

요즘 세계 곳곳에 있는 대형 도서관에는 대개 문자로 기록된 100조 비트의 정보가 저장되어 있고, 그림으로 된 1000조 비트의 정보가 저장되어 있다. 이것은 유전자에 저장되어 있는 정보의 1만 배, 그리고 뇌에 저장되어 있는 정보량의 10배 정도가 된다. 책을 1주일에 한 권씩 읽는다면 한 사람이 평생 동안 읽을 수 있는 책의 수는 수천 권에 이른다. 그러나 이것은 도서관에 저장된 책의 1,000분의 1에 불과한 양이다. 도서관은 인류가 이룩한 거대한 지식 체계와 개인들이 가지고 있는 위대한 통찰력을 연결해 주는 고리 역할을 한다.

포식자들을 피해 주로 나무 위에서 생활하던 인류의 조상이 나무에서 내려와 걷기 시작하면서 자유롭게 된 앞발이 손으로 바뀌었다. 손을 사용하게 된 인류의 조상은 불을 사용하기 시작했고, 글쓰기를 발명했고, 천문대를 만들었다. 그리고 급기

야는 우주로 로켓을 쏘아 올릴 수 있게 되었다. 만약 지구의 환경이 조금만 달랐더라면 우리가 아닌 다른 동물이 우리가 이룩한 문명과는 다른 문명을 발전시켰을 것이다. 두 발로 서서 걸을 수 있었고, 명석한 뇌를 가지고 있던 공룡이나 너구리, 아니면 수달이 그 주인공이 되었을 수도 있다.

우리는 지구에 살고 있는 지적 생명체와 우리와의 차이에 관심을 가지고 있다. 그러나 지구의 다른 생명체를 대상으로 한 연구 결과를 외계 생명체에게 적용할 수는 없을 것이다. 지구라는 행성에서 발견되는 생명체에 대한 연구로는 외계 생명체가 얼마나 탁월한 지적 능력의 소유자인지, 그리고 그들이 이룩한 문명이 얼마나 높은 수준인지를 짐작하기 어려울 것이다.

외계 행성에 살고 있는 지적 생명체가 지구인을 닮았을 가능성은 거의 없다. 유전적 다양성은 일련의 우연적 사건들에 의해 결정되는데 환경이 다른 외계 행성에서 지구에서와 같은 우연적 사건들이 일어날 가능성이 거의 없기 때문이다. 그러나 형태는 다를지라도 지적 생명체는 존재할 것이고, 그들의 뇌 역시 안쪽에서 바깥쪽으로 진화했을 것이다. 그러나 그들의 뉴런은 우리의 뉴런과 다른 방법으로 작동할 것이다.

우리의 뉴런은 상온에서 작동하는 유기체로 되어 있지만 그들의 뉴런은 낮은 온도에서 작동하는 초전도 소자일지도 모른다. 외계인들의 뉴런은 물리적으로 접촉해 있지 않고, 멀리 떨어져서 전자기파를 이용해 정보를 교환할 수도 있다. 그렇게 되면 지적 개체 하나가 여러 개의 유기체에 분산되어 있을 수도 있고, 총체적 지적 자아가 자신의 분신들을 여러 곳에 흩어 놓는 방식으로 존재할 수도 있을 것이다.

비교적 가까운 거리에 있는 외계 행성에 지적 생명체가 존재한다면 그들은 우리의 존재를 알고 있을까? 그들은 적어도 두가지 방법으로 우리에 관한 정보를 알아낼 것이다. 하나는 거대한 전파 망원경을 이용하여 우리가 우주로 흘리고 있는 전자기파를 수신하는 것이다. 인류가 전파 통신 기술을 습득한 후 지구는 태양계에서 가장 강력한 전자기파 발생원이 되었다.

외계 문명이 다른 천체에서 오는 전자기파에 관심을 가지고 있다면 지구에서 무언가 흥미로운 일이 벌어지고 있다는 것을 짐작할 수 있을 것이다. 지구에서 텔레비전 방송이 시작된 것은 1940년대 후반부터이다. 이때 송출된 방송은 지금도 우주로 퍼져 나가고 있다. 방송이 시작된 것이 수십 년 전의 일이니 최초의 방송 전파는 이제 수십 광년거리까지 도달했을 것이다. 지구에 가장 가까이 있는 문명은 아마도 이보다는 먼 거리에 있을 가능성이 크다. 따라서 아직까지는 그들이 우리 방송을 보지 못했겠지만 언젠가는 보게 될 것이다.

두 대의 보이저 탐사선이 지금도 우주를 향해 날아가고 있다. 각 탐사선에는 구리에 금박을 입힌 레코드판과 그것을 재생할 수 있는 도구들, 그리고 사용 설명서가 들어 있다. 레코드판에는 인간의 유전자, 사람의 뇌, 도서관에 관한 정보가 기록되어 있다. 그러나 우리의 과학에 대한 정보는 싣지 않았다. 보이저 탐사선의 정보를 읽게 될 우리보다 훨씬 앞선 외계인들에게 우리의 과학은 별 쓸모가 없을 것이기 때문이다.

과학적 발견 대신 우리의 고유한 특성이라고 생각되는 사실만을 전하기로 한 것이다. 보이저 탐사선을 만나게 될 외계인들이 지구인들의 언어를 이해할 리는 없지만 이 레코드판에는 60종류의 언어로 된 인사말이 실려 있고, 혹등고래의 인사말도 실려 있다. 인류가 살아가는 모습을 담은 사진과 여러 문화권에서 즐기는 음악이 1시간 30분 분량으로 편집하여 수록

되어 있다.

128억 년의 긴 세월에 걸친 진화의 과정을 거쳐 물질이 의식을 갖추게 되었고, 그렇게 갖게 된 지능은 인류에게 놀라운 능력을 부여했다. 인류가 자기 파멸의 위험에서 벗어날 수 있는 현명한 존재인지는 아직 확신할 수 없지만 많은 이들이 이런 파국을 피하려고 노력하고 있다. 우주적 시간 스케일에서 볼 때 지극히 짧은 시간 안에 우리가 모든 생명을 존중할 줄 아는 존재로 발전하여 지구상에서 평화를 유지하는 한편, 외계 문명과의 통신을 통해 지구 문명을 은하 문명권의 한 구성원으로 만들어야 할 것이다.

12. 은하 대백과사전

인류는 지금까지 네 대의 탐사선을 우주를 향해 날려 보냈다. 파이오니아 1, 2호와 보이저 1, 2호가 그것이다. 이 탐사선들은 특정한 목적지도 없이 느린 속력으로 우주를 향해 날아가고 있다. 머지않아 우리는 목적지를 정해서 더 빠른 속력으로 달리는 탐사선을 보낼 것이다. 은하에는 지구보다 나이가 많은 행성들이 많이 있을 것이다. 과거 어느 땐가 그런 외계 행성에서 온 방문객이 지구를 다녀갔을 수도 있다.

그러나 불행하게도 우리는 외계 방문객에 대한 확실한 증거를 가지고 있지 않다. 만약 우리가 외계에서 온 방문객을 만난다면 어떤 방식으로든 의사소통이 가능할까? 도저히 이해할 수 없을 것 같던 고대 상형문자를 해독해 낸 것을 보면 외계인들과의 의사소통도 가능할 수도 있다.

프랑스의 장 프랑수아 샹폴리옹이 이집트 공예품에 관심을 가지게 된 것은 그가 열한 살이던 1801년에 물리학자 조제프 푸리에의 집을 방문하여 푸리에가 수집한 이집트 공예품들을 보았을 때부터이다. 푸리에는 나폴레옹의 이집트 원정대에 참여하여 고대 이집트의 유물을 조사하고 목록을 만드는 일을 했다.

이집트 공예품에 새겨져 있는 상형문자에 매료되었던 샹폴리옹은 후에 뛰어난 언어학자가 되어 고대 이집트 문자 연구에 전념했다. 그는 같은 내용의 글을 세 가지 다른 문자로 기록해 놓은 로제타석에 대한 연구를 통해 이집트 상형문자를 해독하는 방법을 알아내 이집트 문명이 들려주는 이야기를 이해할 수 있도록 했다. 로제타석의 맨 위에는 신성문자라고도 부르는 상형문자가, 그리고 그다음에는 평민문자라고도 불리는 흘림체 상형문자가, 그리고 마지막에는 고대 그리스문자가 적혀 있다. 로제타석에 기록되어 있는 그리스문자가 상형문자 해독의 결정적 열쇠를 제공했다

오늘도 우리는 외계 문명으로부터 온 메시지를 찾고 있다. 외계 문명은 고대 이집트 문명보다 훨씬 이국적일 것이다. 외계 문명은 시간적으로 뿐만 아니라 공간적으로도 멀리 떨어져 있는 문명이다. 외계 생명체들도 나름대로의 논리와 미적 감각을 가지고 있겠지만 우리와는 너무 다를 것이다. 우리가 외계 문명으로부터 온 메시지를 수신한다면 그것을 이해할 수 있을까? 그들의 메시지를 이해할 수 있는 실마리를 제공할 우주의 로제타석이 과연 존재할까?

우리는 우주에도 로제타석이 있다고 믿고 있다. 아무리 다른 문명이라고 해도 공통점이 반드시 있을 것이고, 그 공통 언어는 수학과 과학일 가능성이 크다. 자연법칙은 우주 어디에서나 동일하기 때문이다. 먼 별에서 오는 스펙트럼이 실험실에서 얻은 스펙트럼과 일치하는 것이 그 증거이다. 아직 태양계 어느

구석에서 미생물이 발견될 가능성을 배제할 수는 없지만 태양계에 발전된 외계 문명이 존재하지 않는 것은 확실하다. 따라서 외계 문명과 통신하려면 태양계 바깥으로 나가야 한다.

멀리 있는 별 세계의 외계인과 통신할 수 있는 빠르고 확실한 방법은 전자기파를 이용하는 방법뿐이다. 현재 지구상에 있는 가장 큰 전파 송수신 시설은 코넬대학이 미국과학재단의 위촉을 받아 운영하고 있는 푸에르토리코에 있는 아레시보 전파 망원경이다. 반구형 골짜기를 수많은 반사판으로 덮어 만든 이 전파 망원경의 지름은 305미터나 된다. 이 시설을 이용하면 외계에서 오는 전파 신호를 수신할 수 있을 뿐만 아니라 우리의 신호를 우주를 향해 발사할 수도 있다. 몇 주 정도면 이 전파 망원경을 이용해 브리태니커 백과사전의 내용을 모두 송신할 수 있다. 만약 외계인이 이 정도 크기의 전파 수신 시설을 가지고 있다면 약 1만 5,000광년 밖에서도 우리가 보내는 신호를 수신하는 것이 가능할 것이다.

우리보다 앞선 문명을 가진 외계인들은 전파를 이용한 통신 방법이 너무 낡은 방법이어서 더 이상 전파를 통신수단으로 사용하지 않을 수도 있다. 그러나 그들은 우리처럼 뒤떨어진 문명이 전파를 통신 수단으로 사용할 것임을 알고 있을 것이다. 따라서 그들이 다른 세상에서 오는 메시지를 받고 싶어 한다면 외계에서 오는 전파 신호에 관심을 가질 것이다. 우리가 맨눈으로 볼 수 있는 별들 중에도 지적 생명체를 가지고 있는 별들이 있을 것이다. 그런 별들에 살고 있는 외계인들이 전파 망원경을 이리저리 돌려가면서 우리가 신호를 보내기를 기다리고 있을지도 모른다.

그러나 아직 확실한 것은 아무것도 없다. 어쩌면 생명체가 살 수 있는 행성은 우리가 생각하는 것보다 훨씬 드물고, 생명체의 출현도 매우 까다로운 과정일지도 모른다. 고등동물로의 진화는 더욱 어렵고, 고등동물로 진화한다고 해도 발전된 기술 문명을 가지고 있지 않을 수도 있다. 지구에도 수많은 놀라운 생명체들이 나타났었지만 외계와 통신할 수 있는 기술 문명을 발전시킨 동물은 인간뿐이다.

우리는 N_0: 은하 안에 있는 별들의 총 수, f_p: 행성계를 가지고 있는 별들의 비율, n_e: 행성이 생명체가 존재할 수 있는 환경을 가질 확률, f_l: 생명 가능 행성에 생명체가 나타날 확률, f_i: 생명체가 지적 생명체로 진화할 확률, f_c: 통신 가능한 기술 문명을 가지고 있을 확률. f_L: 행성 수명과 고도 문명의 지속 시간의 비율과 같은 변수들을 곱해 통신 가능한 문명의 수를 계산해 볼 수 있다.

$$N=N_o\times f_p\times n_e\times f_l\times f_i\times f_e\times f_L$$

이 방정식을 이용해 통신 가능한 문명의 수를 계산하려면 이 변수들의 값을 알아야 한다. 앞부분의 변수들에 대해서는 어느 정도 알고 있지만 뒷부분의 변수들에 대해서는 알고 있는 것이 거의 없다. 이 식은 코넬대학의 프랭크 드레이크 교수가 창안한 것이다. 이 방정식을 이용하여 통신 가능한 문명의 수를 알아내려면 우리가 알고 있는 지식을 모두 동원해야 한다.

우리은하 안에 있는 별들의 총수를 약 4000억 개라고 가정하고, 별 형성 과정에서 행성이 함께 만들어진다고 가정하자. 태양 주위에 있는 지구를 비롯한 행성들, 행성들 주위를 돌고 있는 많은 위성들, 최근에 발견된 별 탄생 지역에서 형성과정에 있는 행성들, 그리고 최근에 발견된 많은 외계 행성들이 이런 추정을 가능하게 한다. 별이 행성을 가질 확률을 3분의 1로 잡고, 하나의 별이 가지고 있는 행성의 수를 10개로 잡는다면 매우 안전한 추정이 될 것이다.

행성들 중 생명 가능 지역에 존재하는 행성의 수는 얼마나 될까? 태양계의 경우 지구와 화성이 그런 행성에 해당된다. 따라서 하나의 별이 가지고 있는 생명체가 존재할 수 있는 행성의 수는 2로 잡아 보자. 그리고 생명 가능한 행성에 생명체가 나타날 확률은 3분의 1이라고 하자.

그러나 생명체가 지적인 생명체로 진화할 확률과 지적인 생명체가 통신 가능한 기술 문명을 가질 확률을 추정하는 것은 매우 어려운 일이다. 이에 대해서는 과학자들의 의견도 큰 차이를 보이고 있다. 따라서 여기서는 그 중간 값을 택해 $f_i \times f_e$를 100분의 1로 잡아 보자. 지금까지 선택한 각 인수들을 곱하면 $N=10^9$이라는 결과가 나온다. 이것은 우리은하에 통신 가능한 문명의 수가 10억 개라는 것을 뜻한다.

이제 마지막 변수의 값을 알아야 한다. 지구의 나이는 46억 년이지만 우리가 통신 가능한 기술을 갖게 된 것은 이제 100년밖에 안 된다. 이것은 마지막 변수의 값이 10^8분의 1밖에 안 된다는 것을 의미한다. 따라서 마지막 변수를 곱해서 얻을 수 있는 값은 10이다. 이것은 은하에 10개의 기술 문명이 있었다는 의미가 아니라 항상 10개의 통신 가능한 기술 문명이 있다는 의미이다.

어쩌면 우리와 통신 가능한 기술 문명의 수는 1일지도 모른다. 기술 문명이 만들어지자마자 스스로를 파괴해 버릴 수도 있기 때문이다. 그러나 다른 가능성도 있다. 기술 문명이 파멸의 위험을 극복하고 오랜 기간 동안 존재하는 경우이다. 100개의 기술 문명 중 하나가 파멸의 위험을 극복하고 오래 살아남을 수 있다면 우리와 통신할 수 있는 문명의 수가 100만 개가 된다는 결론을 얻을 수 있다. 우리가 외계에서 오는 신호를 수신하면 그것을 해석하지 못한다고 해도 그것은 외계 문명이 존재한다는 확실한 증거가 될 수 있다.

만약 100만 개의 외계 문명이 우리 은하에 골고루 흩어져 있다면 외계 문명 사이의 거리는 평균 200광년이므로 외계 문명과의 통신에는 적어도 400년이 걸린다. 따라서 우리는 신호를 보내려고 시도하는 것보다는 그들이 보내고 있을지도 모르는 신호를 수신하려고 노력하는 것이 현명할 것이다.

지금까지 지구에서 가까이 있는 1000여 개의 별에서 오는 전파를 수신하기 위한 프로젝트가 수행되었지만 그것만으로는 부족하다. 좀 더 많은 별들에서 오는 신호를 수신하기 위한 체계적인 노력을 시작해야 할 것이다. 구축함 한 대에 소요되는 예산이면 10년쯤 걸리는 외계 문명 탐사 프로젝트를 수행할 수 있다.

지구를 방문한 외계인에 대한 확실한 증거는 아직 발견되지 않았다. 그것은 무엇 때문일까? 외계인들이 이미 우리 곁에 와서 우리를 지켜보고 있는 것은 아닐까? 아니면 우리에게 오는데 우리가 알지 못하는 장애가 있는 것일까? 어쩌면 법으로 다른 문명에 접근을 금지하고 있을지도 모를 일이다. 그러나 또 다른 설명도 가능하다. 200광년쯤 떨어진 곳에 외계 문명이 있다고 해도 그들이 우리에게 관심을 가질 이유가 전혀 없다.

우리가 우주로 전파를 보내기 시작한 것은 이제 100년밖에 안 된다. 따라서 이 신호가 그들에게 도달하려면 아직도 100년을 더 기다려야 할 것이다. 그들은 특별할 것이 아무것도 없는 태양이라는 별과 태양의 행성인 지구에 관심을 가질 이유가 없다. 그들에게는 관심을 가져야 할 더 많은 흥미 있는 천체들이 얼마든지 있기 때문이다.

특정한 행성에서 시작한 문명이 다른 행성으로 이주할 가능성은 얼마든지 있다. 그들은 다른 행성을 자신들이 살아갈 수 있는 행성으로 개조하는 작업을 하면서 영토를 넓혀 나갈 것이다. 그러다 보면 결국은 다른 외계 문명과 충돌하게 될 것이다. 지구로부터 200광년 떨어진 곳에서 100만 년 전에 성간 이주를 시작한 문명이 있다고 가정해 보자.

이 문명이 적당한 여건의 행성을 발견할 때마다 이주를 계속해 사방으로 퍼져 나가 태양계까지 오는 데 100만 년이 걸린다고 생각해 보자. 이 외계 문명의 역사가 100만 년이 안 되었다면 아직 태양계에 도달하지 못했을 것이다. 그러나 반지름이 200광년인 구 안에 약 20만 개의 별이 포함되어 있으니까 그들이 우리에게까지 올 가능성은 생각보다 클 수도 있다.

100만 년 전에 성간 이주를 시작한 문명은 어떤 문명일까? 우리는 겨우 몇 백 년 전에 기술 문명을 시작했고, 전기 문명을 시작한 것은 이제 100년밖에 안 된다. 따라서 우리가 100만 년 전에 성간 이주를 시작한 문명을 상상해 보는 것은 어불성설이다. 우리와 그들의 기술 격차는 우리와 원숭이 사이의 기술 격차보다 더 클 수도 있다. 그들은 자신들의 유전 정보를 조작하여 생명의 유한성을 극복했을 수도 있고, 우주 공간을 이동하는 또 다른 방법을 알아냈을 수도 있다.

그들에게는 우주 식민지를 개척하는 일이 전혀 필요 없는 일일 수도 있다. 우주 전쟁을 다룬 공상과학 소설에서는 싸우고 있는 두 상대방의 기술 수준이 비슷한 경우가 많다. 그러나 실제로 우주에 존재하는 두 문명의 수준이 비슷할 가능성은 크지 않다. 두 문명의 수준 차이가 100만 년이나 된다면 전쟁이 아무런 의미가 없을 것이다. 그런 문명이 지구에 와서 무엇을 한다고 해도 우리가 막을 수 있는 방법이 없을 것이다. 우리는 어느 날 하늘에 나타날지도 모르는 외계인들의 함대가 우리에게 우호적이기만을 바랄 뿐이다.

그러나 외계인이 보내오고 있는 신호를 수신하고 해독하는 일은 위험하지 않은 일이다. 메시지에는 그것을 해독하는 방법이 포함되어 있을 것이므로 우리에게 보내는 외계인의 메시지를 해독하는 일은 생각보다 쉬울 수도 있다. 우리는 외계로부터 수신한 메시지를 해석하여 컴퓨터에 저장해 놓을 수 있을 것이다. 그 컴퓨터는 외계 문명에 대한 정보로 가득할 것이다.

이 컴퓨터는『은하 대백과사전』이 될 것이다. 『은하 대백과사전』은 외계 문명을 이해하는 데는 물론 우리가 누구인지를 가늠하고, 우리가 얼마나 소중한 존재인지를 파악하는 중요한 자료가 될 것이다. 우리 후손들은 외계인들과의 통신을 통해 『은하 대백과사전』의 내용을 계속 업데이트해 나갈 수 있을 것이다.

13. 누가 우리를 대변해 줄까?

인류가 우주를 발견한 것은 최근의 일이다. 오랫동안 인류는 지구 외에는 다른 세상이 없다고 생각하면서 살아왔다. 최근에 와서야 우리는 지구가 우주의 중심이 아니며 우리라는 존재가 우주의 목적이 아닐 수도 있다는 것을 깨닫기 시작했다. 이제야 우리는 지구가 평범한 은하에 속해 있는 평범한 별을 돌고 있는 암석으로 이루어진 작은 행성이라는 것을 알게 되었다.

우주에 대해 알게 된 인류는 우주에 대한 열망으로 가득하다. 아마도 우주가 우리의 고향이기 때문일 수도 있고, 인류의 기원과 진화가 우주에서 진행된 사건들과 밀접한 관계를 가지고 있기 때문일 수도 있다. 어쩌면 미지의 세계를 탐구하는 것이 인간이 가지고 있는 특성이기 때문일는지도 모른다.

인류는 진화 과정을 통해 호전성이나 적개심과 같은 나쁜 습성과 함께 자연과 사람들에 대한 사랑이나 지식을 향한 열정과 같은 좋은 습성도 길러왔다. 나쁜 습성과 좋은 습성 중 어느 것이 우리 마음을 지배하게 될지는 알 수 없다. 미래를 보는 눈이 지구에 한정되어 있거나 이해득실을 따지는 마음이 지구 한 지역에 고착되어 있으면 결국은 나쁜 습성이 우리를 지배하게 될 것이다. 그러나 무한한 가능성을 가진 우주가 우리를 기다리고 있다.

60억 킬로미터 되는 곳에서 바라보면 창백한 푸른 점으로 보이는 지구는 꽉 쥐면 부서질 것 같은 연약한 존재이다. 여기에 극단적인 민족 우월주의, 우스꽝스러운 종교적 광신, 유치한 국가 제일주의와 같은 생각들이 발을 붙이게 해서는 안 된다. 우리는 우주를 바라보면서 마음을 열어야 하고, 우리가 초라한 존재라는 것을 알아야 하며, 지구 생명체 모두가 공통점을 많이 가지고 있는 공동 운명체라는 것을 인식해야 한다.

우리는 지금 지구의 중력을 벗어나는 위대한 모험을 감행하려고 하고 있다. 이것은 바다에 살던 생명체가 육지로 올라온 사건이나 나무 위에서 생활하던 인류의 조상이 땅으로 내려와 두 발로 걷기 시작한 사건 만큼이나 인류 역사를 크게 바꿔 놓을 중요한 사건이 될 것이다. 그러나 우리는 지금 상호불신이라는 최면 상태에서 빠져 나오지 못한 채 전쟁을 위해 많은 에너지를 사용하고 있다. 상호불신의 망령은 우리로 하여금 지구가 연약한 행성이라는 사실을 망각하도록 하고 있다.

현대를 살아가는 사람이라면 누구나 핵전쟁을 두려워한다. 그럼에도 불구하고 많은 나라에서 핵무기를 개발하기 위해 많은 예산을 사용하고 있다. 제2차 세계대전 동안 일본 히로시마에 투하된 원자폭탄의 위력은 TNT 13킬로톤과 맞먹는 것이었지만, 1951년 마셜 군도의 비키니 섬에서 행해진 수소폭탄 실험에 사용된 수소폭탄의 위력은 TNT 15메가톤에 해당하는 것이었다. 수소폭탄 하나가 히로시마 원자폭탄의 1,200배의 위력을 가지고 있다. 히로시마 원자폭탄이 수십만 명의 목숨을 앗아갔으니 수소폭탄은 수억 명의 목숨을 앗아갈 수도 있을 것이다.

영국의 기상학자 리처드슨은 전쟁 등급과 발생 빈도 사이의 관계를 연구한 결과를 『죽음에 이르는 분쟁들의 통계학』이라는 책으로 출판했다. 그는 1,000명 정도의 희생이 발생하는 전쟁을 3등급으로 분류했고, 10만 명의 희생자가 발생하는 전쟁을 5등급, 그리고 100만 명의 희생자가 발생하는 전쟁을 6등급으로 분류했다. 그가 조사한 결과에 의하면 등급이 높은 전쟁일수록 전쟁과 전쟁 사이의 기간이 길다. 소규모 전쟁이 대규모 전쟁보다 더 자주 일어난다는 것이다. 전쟁의 이러한 특성은 대규모 폭풍보다 국지적인 폭우가 빈번이 발생하는 기상의 특성과 비슷하다.

리처드슨은 자신이 얻은 결과를 한 사람이 목숨을 잃는 살인사건에까지 연장시켜 전 세계에서 5분에 한 번꼴로 살인사건이 발생한다는 결론을 얻었다. 살인과 전쟁이 규모만 다를 뿐기본적으로 같은 양상의 사건이라는 것이다. 그의 분석 결과에 의하면 10만 명이 목숨을 잃는 5등급 전쟁은 약 10년 주기로 일어나고, 1만 명이 희생되는 전쟁은 매년 발생한다. 그는이 분석 결과를 이용해 전 세계 인구가 희생되는 다음번 전쟁은 3000년쯤에 일어날 것이라고 예측했다. 리처드슨의 분석이옳다면 종말까지는 아직 시간이 많이 남아 있다. 우리는 이 기간 동안에 인류의 파멸을 막기 위해 우리의 생각과 사회 구조를 바꿔야 한다.

사람을 죽이고 싶을 정도의 강렬한 분노는 진화 과정에서 만들어져 아직도 우리 뇌의 깊은 곳에 남아 있는 파충류의 뇌에서 일어나는 현상이다. 진화의 가장 마지막 단계에서 발달한 대뇌피질은 감정을 중재하고 이성적 판단을 하도록 하는 일을 담당하고 있다. 인류가 간단한 무기만을 사용하던 시대에는 분노로 이글거리는 병사라도 몇 사람을 죽이는 것이 고작이었다.

그러나 무기가 발달하면서 한꺼번에 수십억 명의 목숨을 빼앗는 것이 가능해졌다. 핵무기를 이용한 전쟁 억지라는 아이디어는 전적으로 우리의 비인간적인 조상의 행동 양식에 근거한 것이다. 이것이 가능하려면 핵으로 위협하여 상대방이 전쟁을 포기하도록 해야 하는데 자신의 위협이 허풍이 아니라는 것을 보여 주려고 하다가 선을 넘어설 수 있다. 협박은 실행으로 옮겨질 위험을 항상 동반한다.

전 세계의 거의 모든 나라들이 참여하는 재래식 무기 경쟁 또한 치열하다. 모든 나라들은 자신들이 강력한 무기로 무장하는 그럴 듯한 이유와 명분을 가지고 있다. 그들은 상대방 국가가 가지고 있는 여러 가지 문제점을 지적하고 그것에 대적하기 위해 강력한 무기로 무장해야 한다고 국민과 다른 나라들을 설득시키고 있다. 그리고는 항상 자신의 국가는 아무런 하자가 없고, 다른 나라를 공격할 의도를 가지고 있지 않다고 강조한다. 그러는 사이에 세계 모든 국가들은 점점 더 호전적이 되어 가고 있다.

만약 외계인들이 지구를 방문한다면 지구 곳곳에서 진행 중인 군비 경쟁의 당위성을 그들에게 어떻게 설명할 수 있을까? 외계 방문자들이 감정에 치우치지 않는 공정하고 냉정한 관찰자들이라면 우리의 구차한 변명이 그들에게는 전혀 설득력이 없을 것이다. 경쟁적으로 살인무기를 개발하고 있으면서 전쟁을 할 의도가 전혀 없다고 하는 이야기를 그들이 어떻게 판단할까? 상대방을 겨냥하고 있는 수많은 핵탄두들만이 인류의 생존 가능성을 높일 수 있다는 설명을 그들은 어떻게 받아들일까?

인간 두뇌의 3분의 2를 차지하고 있는 대뇌피질은 이성적인 활동을 관장한다. 사회생활을 통해 진화한 인류는 상호 동반자적 관계에서 기쁨을 누린다. 상대방을 배려하고 사랑하는 인간의 본성은 사회생활을 통해 진화한 인류가 가지고 있는 특성이다. 진화 과정을 통해 우리 마음속에는 희생정신이 새겨져 있다.

인류는 자연법칙을 알아내 공동체 생활에 이용하는 방법도 알아냈다. 협동의 필요성을 인식하면서 효과적인 협력 방안을 만들 줄도 알게 되었다. 그러나 우리는 지금 우리가 발전시킨 기술 문명이 우리를 파괴할지도 모른다는 염려를 하고 있다. 이런 위험을 충분히 인식한다면 우리의 사회 구조를 근본적으로 바꾸기 위해 노력해야 할 것이다.

사람들은 최후의 날을 염려하는 사람들을 마치 혹세무민하는 문제아라고 몰아붙이기도 하고, 인류 사회 제도의 근본적인 변화는 비현실적이고 실현성이 없으며 인간 본성에 위배되는 일이라고 평가절하한다. 그들은 핵전쟁이 일어날 수 있다는 협박이 평화를 유지하는 유일한 방법이라고 믿고 있는 것처럼 보인다.

그러나 지금까지 전면 핵전쟁이 없었다는 사실이 앞으로도 전면 핵전쟁이 없을 것임을 뜻하지는 않는다. 한번으로 인류가 지금까지 이루어 놓은 모든 것을 파괴할 수 있는 전면 핵전쟁을 두고 모험을 할 수는 없는 일이다.

동물들의 행동 양식을 연구한 결과에 의하면 피부 접촉을 통한 사랑을 경험한 사람들이나 성생활을 크게 제약받지 않는 사회에서 자란 사람들은 폭력적이 될 가능성이 현저하게 낮다. 이런 연구 결과가 옳다면 어린이 학대, 성생활의 심한 억압 등은 인류의 평화를 해치는 일이다. 자신의 아이들을 자주 안아 주는 것이 인류 평화에 이바지하는 일이다.

지난 세기에 인류는 노예제도, 인종 차별, 여성 비하와 같은 폭력 유발 요인을 많이 제거하는 데 성공했다. 지구에서 일어난 이런 변화들은 인류가 파괴의 위험에서 벗어나 생존을 보장할 수 있는 바람직한 방향으로 나가고 있음을 나타낸다.

지구에서 과학을 아는 동물은 인간밖에 없다. 인류의 과학적 능력은 자연 선택 과정을 거쳐 대뇌피질에 새겨진 진화의 산물이다. 인류가 과학을 발전시킨 것은 과학이 생존에 유리했기 때문이다. 그러나 완전하지 못한 인간은 과학을 잘못 사용할 가능성도 있다. 우리가 가지고 있는 가장 훌륭한 도구인 과학을 잘못 사용할 가능성을 줄이고, 과학의 장점을 최대한 활용할 수 있도록 우리가 생각하는 방법을 바꿔야 한다.

과학에는 신성불가침의 절대 진리는 없다는 것과 사실과 일치하지 않는 주장은 버리거나 수정돼야 한다는 원칙이 있다.

이런 원칙을 바탕으로 과학은 인류 문명을 발전시켜 왔다. 우리는 과학의 이런 전통을 이용해 현존하는 제도보다 인류의 생존을 위해 더 효과적인 제도를 찾아내야 한다.

엄청난 양의 에너지와 물질을 방출한 빅뱅이 있은 후 오랫동안 우주에는 아무런 구조도 없었다. 은하도, 별도, 행성도, 생명체도 없었다. 아무것도 없던 이 시기에는 수소 원자들만이 우주의 주인 행세를 하고 있었다. 그러다가 밀도가 높은 부분을 중심으로 물질이 모여 핵융합 반응으로 빛을 내는 별들이 나타났고, 별들의 내부에서는 무거운 원소들이 만들어졌다. 이렇게 만들어진 원소들을 포함하고 있는 1세대 별들의 잔해에서 지구가 탄생했다.

지구에서는 생명체가 나타나 자연선택이라는 메커니즘을 통해 점점 더 복잡한 구조를 가지는 생명체로 진화해 왔다. 그리고 128억 년 우주 역사의 산물인 인류가 나타났다. 인류는 짧은 시간 동안에 많은 일을 해냈다. 글자를 발명하고, 도시를 건설했으며 과학을 발전시켰다. 그리고 다른 행성과 별에 탐사선을 보내기에 이르렀다. 이것은 과학이 이루어 낸 우주 역사의 장엄한 서사시이다. 그러나 이런 놀라운 서사시의 주인공인 인류가 자신과 지구의 존립을 위협하는 가장 위험한 존재가 될 수도 있다.

사람들은 자신과 다른 생각을 가진 사람들을 믿을 수 없는 존재라고 생각하고 혐오하는 경향이 있다. 그러나 지구 위에 존재하는 각기 다른 문명들이 가지고 있는 차이점들은 인류가 가지고 있는 많은 공통점들에 비하면 아무것도 아니다. 외계인들의 눈으로 보면 인류의 문명들 사이의 작은 차이들보다는 유사성이 훨씬 더 크게 보일 것이다.

우주에 존재할지 모르는 또다른 문명과 비교한다면 인류가 이루어 놓은 문명들 사이의 차이점은 차이라고 할 수도 없을 것이다. 그러나 사람들은 우리들 사이의 공통점들은 무시하고 작은 차이들에만 주목하고 있다. 따라서 우리는 귀중한 동물인 동시에 멸종 위기종이 되었다. 우주적 관점에서 볼 때 우리 하나하나는 모두 귀중한 존재이다. 생각과 살아가는 방법이 나와 약간 다르다고 해서 귀중함이 사라지는 것은 아니다.

우리가 핵전쟁의 위험에서 살아남는다면 우리 후손들은 우리를 과학 기술이 겨우 사춘기였던 시기에 자기 파괴의 위험에서 지켜낸 지혜로운 세대라고 기억할 것이다. 우리가 당면하고 있는 자기 파멸의 위험에서 벗어나는 일은 누구나 할 수 있는 쉬운 일이 아니다. 이 위험에서 벗어난다면 우리 세대는 인류 역사상 가장 어려운 일을 해낸 세대가 될 것이다.

그리고 우리는 별을 향한 탐험을 시작한 세대로 기억될 것이다. 인류가 우주로 눈을 돌린 것은 새로운 시대를 시작하는 전환점이 될 것이다. 우리는 전쟁을 위해 사용하는 예산의 일부만으로도 우주 탐험에서 큰 성과를 올릴 수 있을 것이다.

인류는 우주 한 구석에서 시작했지만 이제 자신과 우주를 인식할 수 있는 존재로 성장했고, 우주와 자신의 역사를 되돌아볼 수 있게 되었다. 별들의 잔해에서 태어난 존재가 별들에 대해 생각할 수 있게 되었고, 많은 수의 원자들이 결합하여 만들어진 유기체가 원자 자체의 기원을 이해할 수 있게 되었다.

이것은 놀라운 일이며, 우주와 생명체가 가지고 있는 신비이다. 우리는 이런 놀라운 일을 해낸 우리 자신을 소중하게 생각해야 하고, 종으로서의 인류를 사랑해야 하며, 지구를 조심해서 다뤄야 한다. 우리가 아니면 누가 우리 자신과 우리의 소중한 지구를 지켜 줄 것인가?